食品类专业系列教材

食品分析与检验实验教程

吴时敏 主编

内容提要

全书由五篇三十五个实验组成，分别为食品样品采集与常规指标的测定（包括样品的采集与保存，水分含量、水分活度、总灰分、蛋白质、粗脂肪、膳食纤维、还原糖、碳水化合物、能量、钠、氯、饱和脂肪酸、反式脂肪酸的测定）；食品特定营养与安全指标的测定（包括维生素、典型添加剂、酸度、过氧化值、茴香胺值、全氧化值、酸价、羰基价、极性组分、丙二醛、溶剂残留量的测定）；食品物理特性的测定（包括色泽、相对密度、典型物理特性的测定）；食品组成的三大精密仪器分析（包括 GC－MS 测定气味分子、HPLC－MS 测定非挥发性化合物和 ICP－MS/OES 测定矿物质元素）；食品拓展性指标的测定（包括苯并[*a*]芘、多环芳烃、氧化稳定性、碘值、不皂化物、2－硫代巴比妥酸值、矿物油、熔点、甾醇、磷脂、游离棉酚、TBHQ 的测定）。

本书自成一体，既可以独立作为相关专业教材，又可作为高等院校本科生"食品分析""食品安全学""食品检验学"，以及硕士研究生"现代食品分析方法进展""食品脂质""高级食品分析"等课程的配套实验教材。相关专业包括食品科学与工程、食品质量与安全、营养与食品卫生、食品营养与健康、食品营养与检测、食品安全检验、食品加工与检验、食品生产与检验、食品检验检测技术、烹饪与营养教育等。本书也可供油脂、粮食、食品、饮料、农食产品等行业的检测机构、研究院所和企业等从业人员参考。

图书在版编目(CIP)数据

食品分析与检验实验教程／吴时敏主编．—上海：
上海交通大学出版社，2022.6
ISBN 978－7－313－26719－1

Ⅰ．①食… Ⅱ．①吴… Ⅲ．①食品分析－实验－高等学校－教材 ②食品检验－实验－高等学校－教材 Ⅳ．①TS207.3

中国版本图书馆 CIP 数据核字(2022)第 051775 号

食品分析与检验实验教程
SHIPIN FENXI YU JIANYAN SHIYAN JIAOCHENG

主　　编：吴时敏
出版发行：上海交通大学出版社　　地　　址：上海市番禺路 951 号
邮政编码：200030　　电　　话：021－64071208
印　　制：当纳利(上海)信息技术有限公司　　经　　销：全国新华书店
开　　本：787 mm×1092 mm　1/16　　印　　张：13.75
字　　数：277 千字
版　　次：2022 年 6 月第 1 版　　印　　次：2022 年 6 月第 1 次印刷
书　　号：ISBN 978－7－313－26719－1
定　　价：42.00 元

前　言

2006年1月，我到上海交通大学食品科学与工程系任教，主授本科必修专业课程“食品分析实验”，迄今已满16年。所用课程讲义像电脑操作系统一样不断更新，在此期间更新迭代了五次。

讲义的每次更新，既源于不断改进的课程改革，又基于实验方法、分析对象、综合训练、学时变化、标准修订、学生和助教反馈等的持续驱动。如何能够在相对稳定的时间(5～10年)里，不因少数几个因素的增减而频繁更新讲义，最好的解决办法是编写一本包容度更大、可选性更强、柔韧感更好的教材。上海交通大学校级立项教材的支持催化了这一想法的实施。

2021年的春天，我静下心来，规整讲义，联系出版。仍保持联系的毕业生，包括我指导过的本硕连读生、博士生等，听闻讲义要付梓，在褒奖原讲义优点的同时，大多建议在本书中编采最新的国家标准方法。因他们毕业后，在相关行业和部门工作，均采用法定分析方法。而且为便于国际贸易，我国国家标准方法中的许多强制性或推荐性标准都等同采用了国际标准方法，或者脱胎于国际组织或发达国家的标准方法。我们终下决心，放弃先前讲义中自己选编的一些方法，尽量采编最新的国家标准方法(特别是GB开头的强制性标准方法)。对每一个标准方法，在正文的“实验依据”中注明具体来源，并给出了参考文献。

本书有别于标准原文和现有同类教材的最重要特征是，坚持先前讲义对操作方法或步骤的综合性框图编排，以单独一页(极少数为两页)、从上至下展示操作流程图例，读者拿着这页纸，或竖放、或平置在实验桌台，只需用眼扫视，不用双手捧着书端详，即可轻松、迅速地完成整个实验单元操作。而且，可在流程图中记录与计算公式直接对应的检测参数，非常方便。多年的教学实践证明，这种方式特别适合食品分析与检验实验室的现场教学。

本书还有其他的重要特征，包括：在典型样品的选取上，既覆盖日常不同类型，又兼顾弹性课时限定；在编写风格上，既独立编写实验目的、意义、注意事项、思考讨论和实验数据表等，又补全原理中的化学反应方程式，统一公式符号的表述方式；在内容上，既包含基础实验用于本科教学，又包含拓展实验用于检测研究参考或研究生教学。

本书由上海交通大学食品科学与工程系教授吴时敏主编，上海交通大学食品科学与工程系 2021 级学术型博士马欣、2019 级学术型硕士张立敏、2016 级学术型博士高媛(现为西北农林科技大学食品科学与工程学院副教授)参编。

这本教材得以付梓，离不开上海交通大学教务处的大力支持，离不开上海交通大学农业与生物学院的关心，离不开上海交通大学出版社的编辑指导，离不开诸多学术同行、市场监管、海关和第三方检测等友人的释疑，离不开 2008 级学术型硕士徐婷在第一版讲义编写和 2020 级学术型博士李玮在预实验中的协助，离不开上海交通大学“脂道芳厅”研究室所有成员的理解和鼓励，特此谨致谢忱！

“如将不尽，与古为新”，与时俱进和创新是人类发展亘古不变的铁律。我们真诚期待关注、选用这本书的老师、同学和其他读者朋友能不吝赐教，共同探讨或参与再版的编写，帮助本书改进提高。恭请联系：wushimin@sjtu.edu.cn。

吴时敏

2021 年 11 月于上海徐家汇

使用说明

截至2021年底，我国大陆开设食品类专业的本科高校有近400所，各高校对“食品分析与检验实验”的教学计划各有侧重，有的单独设置为一门专业必修课；有的作为“食品分析”“食品化学与分析”“食品检验学”等专业理论课程的配套实验课；有的作为专业实践或实习内容，集中一段时间教学；甚至有的高等职业学校将食品检验单独作为一个专业，细化到食品分析检验内容的方方面面。

鉴于此，对选用本书的老师和其他读者朋友们，编者结合“食品分析与检验实验”课程教学的共性和个性，提出以下使用建议供参考。

1. 保证安全，为实验课第一要务

本人执教这门课程16年来，从未出现过哪怕是皮肤受伤之类的安全问题。经验在于慎之又慎，防患于未然，主要做到以下三点。

(1) 在每次实验课之前，主讲老师、助教和实验室管理员，务必对每一种试剂、每一台仪器、实验室操作环境等的安全细节了然于胸，对危险有害化学品，能不用则不用，能少用则少用。

(2) 在动手操作之前，要求每位学生穿好实验服，戴好防护眼镜和手套，把试管夹、坩埚钳等分配到位，逐一强调安全要点。每组(位)学生的实验台面下的抽屉、橱柜配置好常用的玻璃仪器和实验必备日常用品。

(3) 在学生操作过程中，主讲老师、助教、实验室管理员要加强巡视指导，分工配合，及时纠正不当操作，将安全风险消灭在萌芽状态。对危险有害化学品，须定点定时监控使用；对有挥发性的操作，务必在运转良好的通风橱内进行。禁止使用明火，规范废液储存。

2. 因时而异，夯实基本训练

各高校对该课程的学时设置各异，但本门课程作为实验课程，重点是训练学生在实验操作过程中掌握食品分析检验技能，领悟食品分析原理，整理和思辨食品分析数据。因此，建议首先围绕食品标签常见的“营养成分表”中的项目，设计课程主体，然后考虑添加剂、安全指标、物理特性分析，有条件的再加上气相色谱(GC)、高效液相色谱(HPLC)和电感耦合等离子体质谱/电感耦合等离子体发射光谱(ICP-MS/

OES)三大系列仪器分析。对于每个实验单元,教师的主讲时间不宜超过30分钟。

以编者在上海交通大学的教学实践为例,课程为48学时,共16次课,教学安排如下:

实验一　食品样品的采集与保存

实验二　食品水分含量和水分活度的测定

实验三　食品中总灰分含量的测定

实验四　食品中还原糖含量的测定

实验五　食品中粗脂肪含量的测定

实验六　食品中蛋白质含量的测定

实验七　食品酸度的测定

实验八　食品中添加剂亚硝酸盐含量的测定

实验九　食品中维生素含量的测定

实验十　食用油脂全氧化值的测定

实验十一　食用油脂酸价及氧化稳定性的测定

实验十二　食品特性的常规仪器分析

实验十三　GC系列对食品中气味分子的测定

实验十四　HPLC系列对食品中非挥发性组分的测定

实验十五　ICP-MS/OES对食品中矿物质元素的测定

实验十六　食品的综合分析实验(要求完成包括碳水化合物、能量在内的食品样品营养标签主要组成全分析)

上述实验,有的实验单元无法在每次课3个学时内完成,但均为干燥、灰化、反复提取、消化、加热氧化等仪器自动操作时间,可以让学生课余或下次实验再来完成;有的实验单元较为简单,可以通过丰富食品原料种类,让学生多次操作至熟练并加以比较;有的因实验仪器数量所限,无法保证一次实验覆盖到每一组别,可以分组分次交叉进行,不应拘泥于一次只做一个实验。总之,目的是要将实验内容和学时匹配好,让每个同学(组别)操作实践,做到充实有序。

3. 做好预实验,写好心得体会

就主讲教师、助教和实验室管理员而言应密切配合,提前3天左右做好预实验,在确保仪器正常、试剂可靠的前提下,提前熟悉所选用的实验材料特性和获得的实验结果,做到心中有数,指导起来游刃有余。通常情况下,实验材料在4年左右的周期内,每年要有适当变动,例如选用大米,可以选用不同地域的;选用饮料,可以适当选用一些新潮品牌。必须指出的是,只有做了预实验,才能精确判定实验材料的变化是否会引起初次称取质量的变化。

就学生而言,虽然有的同学因提前参与科研活动,熟悉了一些方法,但对于绝大多数实验,学生们可能是第一次做,而且只有一次机会。操作的规范性不足、结果的准确度有时会出现较大差异，这些是可以理解的。因此，本教程在每个实验单元的“思考讨论”中，设置了“简述实验心得体会”，并作为课程成绩评价的重要依据。尤其对出现了测定错误的同学（小组），必须在实验报告的心得体会中，具体地分析原因。如有的显色步骤为两步，应严格按照实验原理依次操作，但有的同学心急，一次性加入所有反应试剂，就会出现错误结果。

4. 活用教材，适当变通

本书已经针对实验教学的特点，对选用方法进行了灵活改编，不仅表现在用框图替代文字，还表现在典型材料选取、实验时长控制、实验数据记录、试剂配制、注意事项、化学反应原理等方面。师生在使用本书时，还可考虑进行如下活用。

(1) 建议在进行实验课时，根据教学计划和选定的实验单元，将本教材中对应的操作流程框图单独复印、装订成册，既轻便易携、扫视直接，又方便教师考查学生的预习效果，还可以保护原书不因实验操作毁损。整洁的教材主要作为实验前预习、实验后规整数据和写报告参考，也可作日后工作和研究参考之用。编者的教学实践证明，学生上课时仅需携带本书厚度的十分之一，操作时，只需扫视那张操作框图，就能很好地完成实验，因为教师团队已经提前把实验材料、试剂、耗材、仪器设备等都准备好了，实验开始前再简要结合当前实际，介绍背景、讲解原理、强调注意事项、询问答疑即可。

(2) 建议有一些操作可以变通替代，如过滤，有时速度极慢，可以采用抽滤或离心解决；如粗脂肪的测定，若直接法耗时过长，可以称重样品脱脂干燥后的滤纸筒，通过间接的减重法粗测，但需向学生讲明法定程序。

(3) 建议有些实验可以组合对比，如测定维生素 C，可以将比色法和 HPLC 法放在一起；可以依据专业特点编排，特别是灵活选用实验材料，如粮油检测方向，可以集中选用粮油材料、集中选做第五篇的实验，这部分特别适合开设研究生实验课程。在本书第三篇的教学中，这些简便仪器对食品真伪或质量的快速甄别简单而实用，其中有少数仪器（本书未列厂家和型号）因厂家或型号不同，用户可能需要根据所购仪器的使用说明书，另行调整操作程序。

(4) 为保证实验高效进行，建议指导教师要求学生参考国家标准、结合操作流程图预习，充分理解操作流程图的含义和关键参数。操作流程图中的虚线框表明一个实验操作模块（例如，图 12－1 中的虚线框表示标准参比色的制备；图 23－2 和图 23－3 中，左边虚线框代表“提取”，右边虚线框则表示“净化”）。带箭头的虚线则表示与实线箭头并列或区分的另一条操作线，有的虚线箭头流程如果不是完成主实验必需的并列操作（如标准曲线、空白或前期准备等），则可根据实验课时而灵活决定。例如，总膳食纤维和可溶性膳食纤维的测定实验中，如果课时较少，可以只测总膳食纤维。建议指导老师或助教在实验开始前，再一次向学生讲明实线和虚线的含义，以保证所有同学操作思路清晰。

5. 紧跟时代，拓宽视野

万变不离其宗，经典的食品分析方法以及与当下食品分析检验现实相结合的内容，都可以融入本课程教学之中。如可在讲授或实验材料选用时，紧密结合新发生的食品安全事件、网红食品饮料、国际食品分析权威期刊最新论文用到的方法(或者教师本人或所在学校的教师发表的论文)、国际贸易或国家市场监督管理总局的食品检验不合格通报、因食品检验产生的法律事务等，激发学生兴趣，启发学生认真对待操作。这也是本书参考文献之后，还列出“推荐阅读”国际文献的缘由。

目 录

第一篇 食品样品采集与常规指标的测定

第二篇 食品特定营养与安全指标的测定

第三篇 食品物理特性的测定

第四篇　食品组成的三大精密仪器分析

第五篇　食品拓展性指标的测定

第一篇

食品样品采集与常规指标的测定

实验一

食品样品的采集与保存

1. 目的和意义

目的： 掌握不同类型食品原料样品的采集和保存方法。

意义： 采样应代表食品真实组成，使分析结果具备应用价值。否则，即使之后的样品处理、检测等一系列环节非常精密、准确，最终检测结果亦毫无参考价值，甚至会导出错误的结论。样品的正确保存，不仅可以保证样品的稳定性，而且有利于样品的重复分析及溯源。

2. 实验依据[1]

原理： 同一种类的食品原料或加工产品，由于品种、产地、成熟期、物流、加工或保存条件等不同，成分及含量极可能存在差异；同一分析对象，不同部位的成分和含量也可能有较大差异。检验取样一般皆指取可食部分，以所检验的样品计算。采样，是指在分析目标中抽取有一定代表性的样品，供检测使用。采样完成之后，原始样品需要稳定保存，因为食品分析常常需要重复多次（包括比对），有时还需要回溯确证。因此，食品样品的采集与保存是食品分析工作中非常重要的第一环节。

原则： 遵循代表性、本真性、追溯性、适时性、适量性和程序性。采集的样品要均匀（掺伪食品和食物中毒样品除外），能反映全部被检食品的组成、质量和卫生状况。在采样、预处理和保存过程中，都要设法保持所检测指标不发生变化，以便能复查确认。采集的数量通常一式三份，满足检验项目对样品量的需要，供检验、复验、备查或仲裁，一般散装样品每份不少于 0.5 kg。

3. 材料与设备

1）材料

大米，大排，苹果，青菜。

2）仪器与设备

多功能组织粉碎机，刀具，筛，精密天平。

4. 实验步骤

1) 采样的通用程序

采样操作通常按照如图 1－1 所示的程序进行。

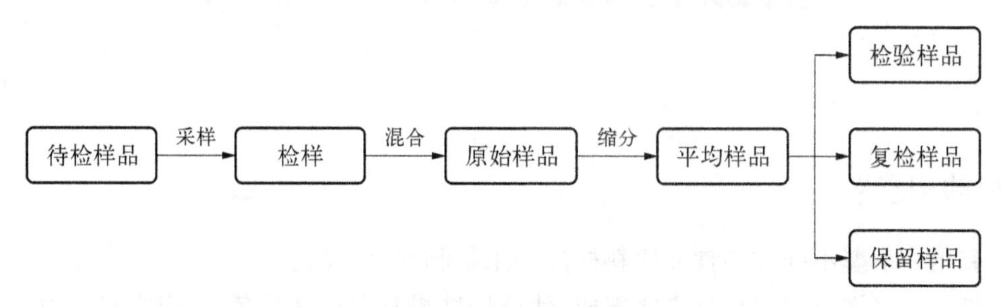

图 1－1　食品采样操作通用程序

(1) 检样。

检样是指从整批食物的各个部分采取的少量样品。检样的量按产品标准规定。样品的采集一般采用随机抽样和代表性抽样两种方法。具体的取样方法因分析对象的性质不同而异。

随机抽样指按照随机原则，从大批物料中抽取部分样品。操作时，应使所有物料的各个部分都有被抽到的机会。

代表性抽样是用系统抽样法进行采样，按照样品随空间和时间变化的规律进行采样，以便采集的样品能代表其相应部分的组成和质量。

(a) 粮食及固体食品　从上、中、下三层不同部位分别取部分样品，混合后按四分法对角取样，再经过多次混合，得到具有代表性的原始样品。对于组成不均匀的固体物料，如鱼、畜禽肉类、果品、蔬菜等，因其本身各个部位极不均匀，个体大小及成熟程度差异很大，取样更要注意具有代表性，须取不同部位或混合后采样。

(b) 液体及半流体食品　开启包装，可使用混合器进行充分混合。如果容器内被检物量少，可用从一个容器转移到另一个容器的方法混合。然后从每个包装中取一定量综合在一起，充分混合均匀后，分别缩减到所需数量。

(c) 小包装食品(含罐头和瓶装食品)　根据批号随机取样，一般按班次或批号连同包装一起采样。同一批号取样件数：250 g 以上的包装不得少于 6 个，250 g 以下的包装不得少于 10 个。

(2) 原始样品。

原始样品是指把多份检样综合在一起的样品，能代表该批食品。

(3) 平均样品。

平均样品是指组成不均匀的固体食品根据分析项目的要求，分别采取不同部分的样品混合后，采用四分法获得的平均试样，如图 1－2 所示。

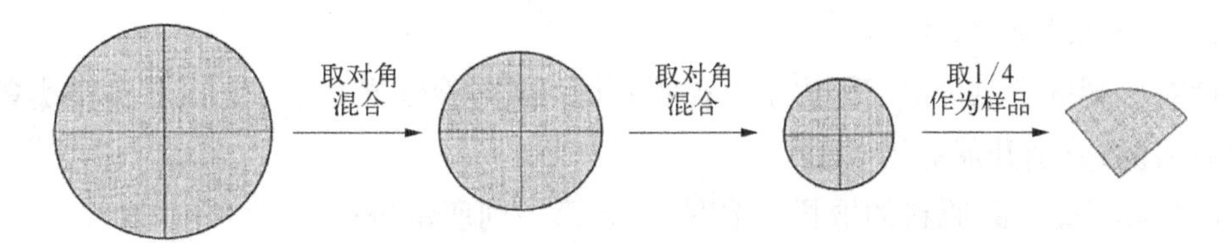

图 1-2　四分法取样示意图

例如,对于颗粒状的固体食品,可将原始样品充分混合均匀后[见图 1-3(a)],于清洁平整台面上堆积成圆锥形,将锥顶压平,使之成厚度为 3 cm 左右的圆白形,并划出对角线或“十”字线[见图 1-3(b)],取对角的 2 份混合[见图 1-3(c)]。再重复如上操作,分为 4 份,取对角 2 份。如此反复操作,直至取得所需数量,即得平均样品。

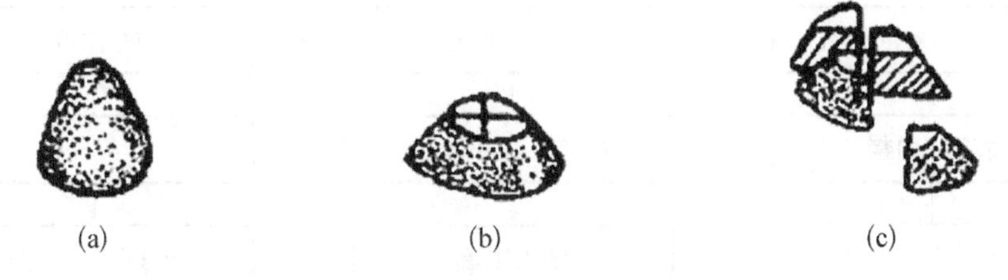

图 1-3　颗粒状固体食品四分法取样示意图

对于大桶装或散装的液体物料,可用虹吸分层取样(见图 1-4),每层各取 500 mL 左右,装入小口瓶中,混匀后,再分取缩减至所需数量,即得平均样品。

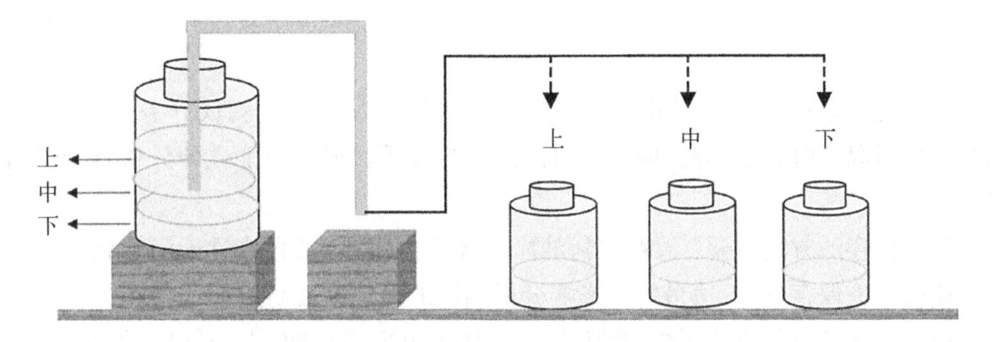

图 1-4　液态食品虹吸分层取样示意图

(4) 检验样品。

试验样品是指从平均样品中分出用于全部检验项目的样品。

(5) 复检样品。

复检样品是指在检测结果有争议或分歧时用于复检的一部分平均样品。

(6) 保留样品。

保留样品是指从平均样品中分出,封存保留一段时间,以备再次验证的样品。

2）不同原料的取样

针对不同的食品原料，取样方法有所不同，本实验以果蔬类、粮谷类和肉类等三类食品为例，分别开展如下实验。

（1）果蔬类食品原料的取样：按图1-5第一列所示进行。

（2）粮谷类食品原料的取样：按图1-5第二列所示进行。

（3）肉类食品原料的取样：按图1-5第三列所示进行。

图1-5　三类食品原料的平均样品制备操作流程图示例

3）样品的保存

为了防止采集样品的水分或挥发性成分散失以及其他待测成分含量发生变化（如光解、高温分解、发酵等），应在短时间内进行分析。如果不能立即分析，则应妥善保存。

样品保存的方法主要：放在密封洁净的容器内保存，避光或置于阴暗处保存，低温冷藏或冷冻保存，加入适量的不影响分析结果的稳定剂或防腐剂保存等。

样品保存环境须清洁干燥，存放时样品须按照采样日期、生产批号、检验编号等有序布置，以便查找。

5. 注意事项

（1）必须注意样品的代表性和均匀性，以确保所采样品能代表原始供检材料整体的平均组成。

（2）采样工具须清洁，不应将任何有害物质带入样品中。

（3）注意不同粉碎机刀片（长刀与短刀）的使用条件，避免用混。

(4) 粉碎机不宜长时间连续运作，否则温度过高易导致实验材料中某些成分的变化或破坏。

(5) 复检和备查的样品应保留一个月，以备需要时复检。易变质食品不予保留，保存时应加封并尽量保持原状。

(6) 食品检验取样，通常只取可食部分，且须保证样品在检测前感官合格或不受到污染。

6. 结果分析

按图 1－5 操作流程，记录、描述并分析样品处理变化情况。

7. 思考讨论

(1) 为何样品的采集和保存在食品分析中具有重要性？

(2) 新鲜水果蔬菜样品在采集和保存中应特别注意哪些问题？

(3) 简述实验心得体会。

实验二

食品水分含量和水分活度的测定

1. 目的和意义

目的：掌握用直接干燥法测定固体食品中水分的含量；掌握用康卫氏皿扩散法测定食品中水分的活度。

意义：水分含量和水分活度既表征食品的质量，也决定了食品的保质期。在食品贮藏过程中，不同食源性致病微生物对水分活度的耐受性不同，不同的酶促反应和化学变化也决定于水分含量和水分活度。此外，食品的感官特性，尤其是质构，很大程度上取决于水分含量的高低；食品贸易、食品物流和食品掺假等也与食品的水分含量高度相关。

2. 实验依据

1) 水分含量的测定——直接干燥法[2]

原理：在一定温度和压力下(如1个标准大气压101.3 kPa，101～105℃)，利用食品中水分的物理性质，将样品放入烘箱加热干燥，通过挥发除去水分及挥发物(包括吸湿水、部分结晶水和该条件下能挥发的物质)，根据干燥前后样品的质量之差和样品干燥前的质量，计算出样品的水分含量(质量分数)。

2) 水分活度的测定——康卫氏(Conway)皿扩散法[3]

原理：在密封、恒温、盛有水分活度(A_w)较高和较低的标准饱和溶液的多个康卫氏皿中，将样品放入其中，样品中的自由水与A_w各异的标准饱和溶液相互扩散，达到平衡后，根据样品质量的增加(在A_w较高的标准溶液中扩散平衡)和减少(在A_w较低的标准溶液中扩散平衡)，以质量的增减为纵坐标，各个标准饱和溶液的A_w为横坐标，通过作图可得到样品的A_w。

3. 材料与设备

1) 材料与试剂

材料：面包，大米(粉)，饼干，苹果，青菜，火腿肠等。

试剂：凡士林，标准水分活度试剂(按表2-1配制饱和盐溶液)。

表 2-1　不同饱和盐溶液的 A_w 值(25℃)[3]

盐试剂名称	配制方法		A_w
	试剂质量/g	热水体积/mL	
溴化锂($LiBr \cdot 2H_2O$)	500	200	0.064
氯化锂($LiCl \cdot H_2O$)	220	200	0.113
氯化镁($MgCl_2 \cdot 6H_2O$)	150	200	0.328
碳酸钾(K_2CO_3)	300	200	0.432
硝酸镁[$Mg(NO_3)_2 \cdot 6H_2O$]	200	200	0.529
溴化钠($NaBr \cdot 2H_2O$)	260	200	0.576
氯化钴($CoCl_2 \cdot 6H_2O$)	160	200	0.649
氯化锶($SrCl_2 \cdot 6H_2O$)	200	200	0.709
硝酸钠($NaNO_3$)	260	200	0.743
氯化钠($NaCl$)	100	200	0.753
溴化钾(KBr)	200	200	0.809
硫酸铵[$(NH_4)_2SO_4$]	210	200	0.810
氯化钾(KCl)	100	200	0.843
硝酸锶[$Sr(NO_3)_2$]	240	200	0.851
氯化钡($BaCl_2 \cdot 2H_2O$)	100	200	0.902
硝酸钾(KNO_3)	120	200	0.936
硫酸钾(K_2SO_4)	35	200	0.973

注：配毕，常温避光静置一周后使用。

2) 仪器与设备

带磨砂玻璃盖的康卫氏微量扩散皿(见图 2-1)，玻璃制称量皿[见图 2-2(a)]，扁形铝制称量皿[见图 2-2(b)]，不锈钢药匙，电热恒温干燥箱，分析天平，干燥器[见图 2-2(c)]。

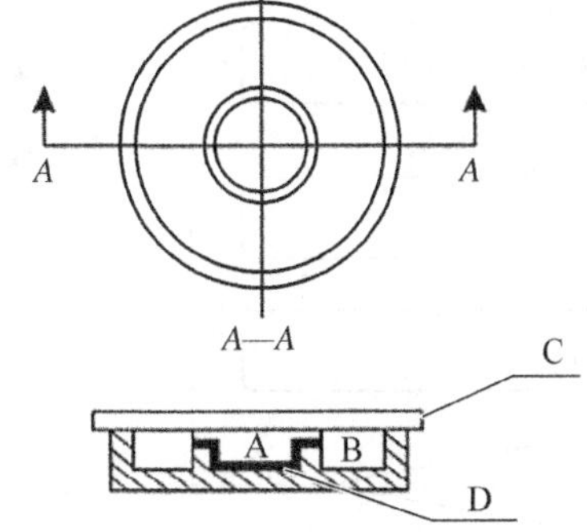

图 2-1　康卫氏微量扩散皿

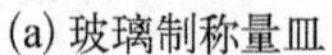
(a) 玻璃制称量皿

(b) 扁形铝制称量皿

(c) 干燥器

图 2－2　称量皿及干燥器

4. 实验步骤

1）食品中水分含量的测定

直接干燥法测定食品水分含量的具体操作步骤如图 2－3 所示。

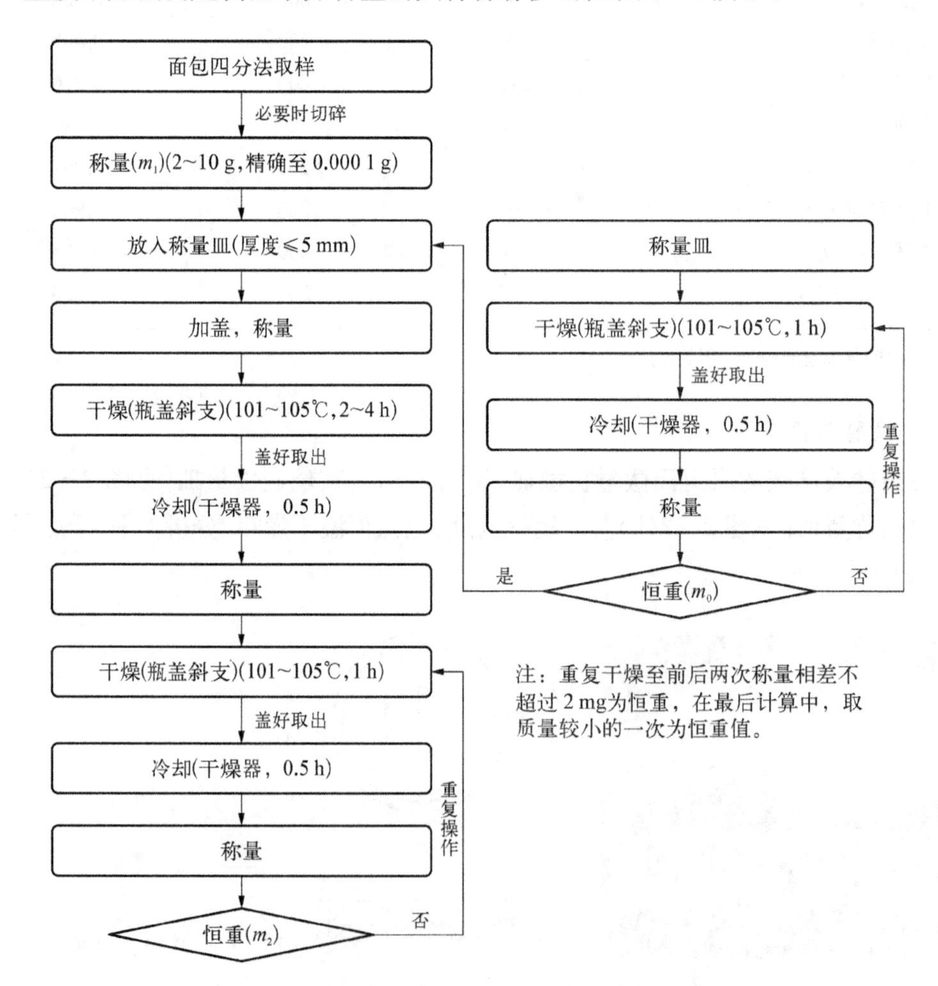

图 2－3　直接干燥法测定食品水分含量的操作流程

2）食品水分活度的测定

康卫氏皿扩散法测定食品水分活度的具体操作步骤如图 2-4 所示。

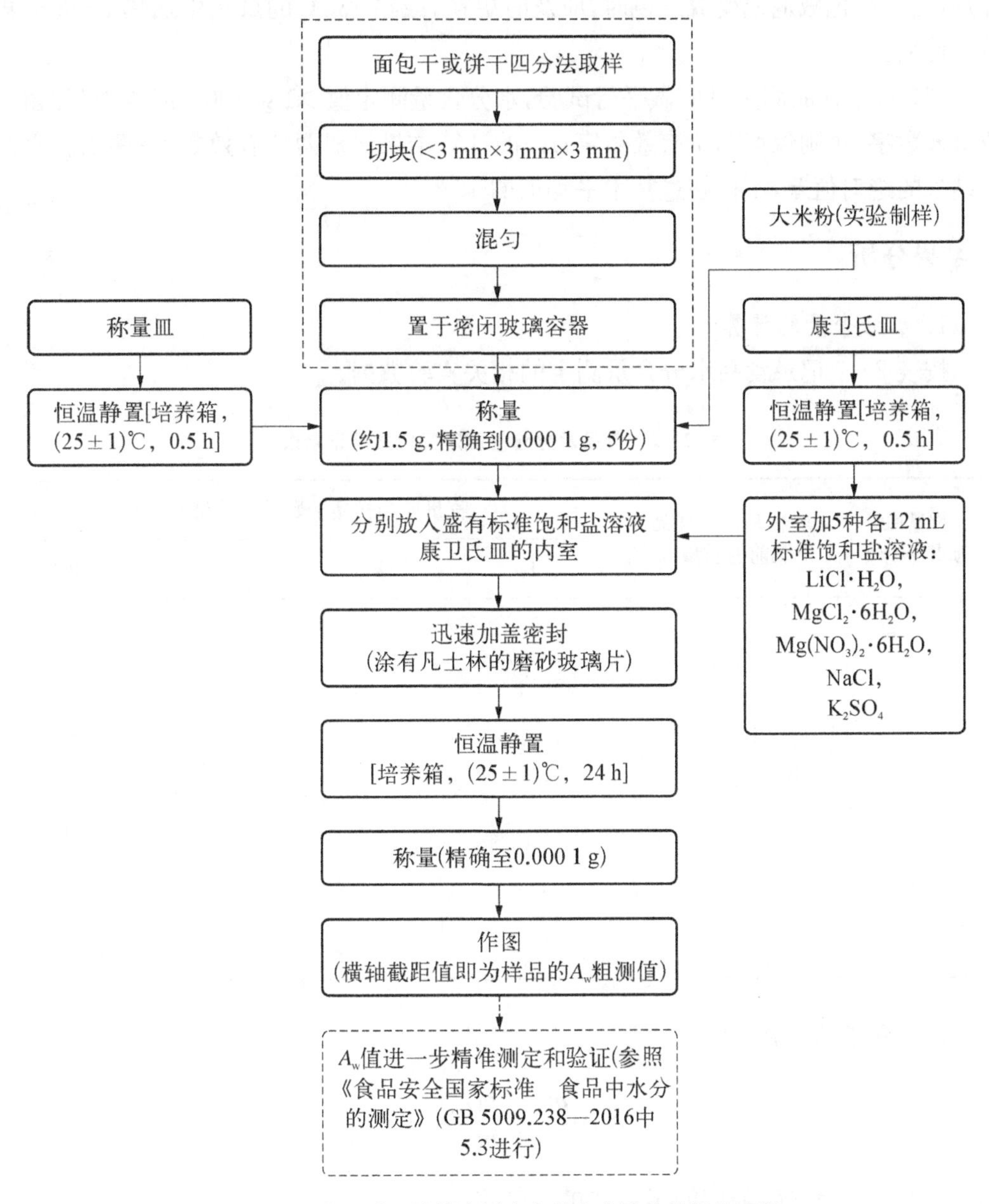

图 2-4 康卫氏皿扩散法测定食品水分活度的操作流程

5. 注意事项

（1）直接干燥法（101～105℃）适用于粮食（水分含量低于 18 g/100 g）、油料（水分含量低于 13 g/100 g）、蔬菜、谷物及其制品、茶叶、水产品、肉制品、乳制品和豆制品等食品中水分的测定；不适用于水分含量小于 0.5 g/100 g 的样品、高温易分解和易挥发的样品，如香辛料等。

(2) 经加热干燥的称量皿须迅速放入干燥器内冷却，干燥器内若采用硅胶为干燥剂，当其蓝色减退或变成红色时，应及时更换，或在135℃的烘箱中加热2～3 h，再重新使用。

(3) 每个样品测定时应做平行试验，水分含量测定值≥1 g/100 g时，结果保留三位有效数字，否则保留两位有效数字；A_w的计算结果保留两位有效数字；两次独立测定结果的绝对值差，不得超过算术平均值的10%。

6. 结果分析

1) 水分含量的计算

按表2-2记录食品水分含量测定的相关实验数据。

表2-2 食品水分含量测定实验数据记录表

称量皿质量 m_0/g	称量皿和样品干燥前的质量 m_1/g	称量皿和样品干燥后的质量 m_2/g			
		1	2	3	恒重值

水分含量的计算公式：

$$X=\frac{m_1-m_2}{m_1-m_0}\times 100$$

式中 X ——食品样品中的水分含量，g/100 g；

m_0——称量皿的质量，g；

m_1——称量皿和样品干燥前的质量，g；

m_2——称量皿和样品干燥后的质量，g；

100 ——单位换算系数。

2) 水分活度A_w的计算

按表2-3记录食品A_w测定的相关实验数据。

表 2-3　食品 A_w 测定的实验数据记录表

称量读数/g	标准试剂				
	$LiCl \cdot H_2O$	$MgCl_2 \cdot 6H_2O$	$Mg(NO_3)_2 \cdot 6H_2O$	$NaCl$	K_2SO_4
称量皿(m_0)					
平衡前样品+称量皿(m_b)					
平衡后样品+称量皿(m_a)					
样品质量增减数(Y, g/g)					

样品质量增减数的计算公式：

$$Y=\frac{m_a-m_b}{m_b-m_0}$$

式中　Y——样品质量增减数，g/g；

m_0——称量皿的质量，g；

m_b——样品和称量皿平衡前的质量，g；

m_a——样品和称量皿平衡后的质量，g。

以实验所选标准饱和盐溶液在25℃时的 A_w 值为横坐标，样品在相应标准饱和盐溶液中的质量增减数为纵坐标，在坐标纸上作图，将各点连接成一条直线，这条线与 x 轴交点的横坐标即为所测样品的 A_w 值。

以如图 2-5 所示的结果为例，某食品样品在氯化锂饱和溶液平衡下的质量增减数是−0.69 g/g(画出 A 点)，在氯化镁饱和溶液平衡下的质量增减数是−0.45 g/g(画出 B 点)，在硝酸镁饱和溶液平衡下的质量增减数是−0.22 g/g(画出 C 点)，在氯化钠饱和溶液平衡下的质量增减数是 0.04 g/g(画出 D 点)，在硫酸钾饱和溶液平衡

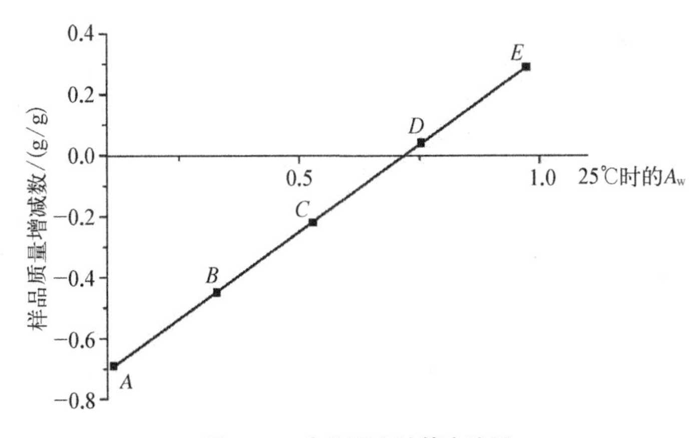

图 2-5　水分活度计算方法图

下的质量增减数是0.289 g/g(画出E点)。将A、B、C、D、E五点连成一线,与x轴交于一点,该点的横坐标值为0.720,此数值即为样品的A_w粗测值。

7. 思考讨论

(1) 测定水分含量与水分活度有何意义,两者的区别与联系是什么?分析影响食品中水分含量和水分活度测定准确性的因素。

(2) 还有哪些测定水分含量和水分活度的方法?本实验采取的方法与它们相比,各有什么优缺点?

(3) 简述实验心得体会。

实验三

食品中总灰分含量的测定

1. 目的和意义

目的: 明确食品中总灰分测定的意义和原理;掌握灼烧法测定灰分的基本操作技术及测定条件的选择;学会用减重法称取试样。

意义: 食品中的灰分代表其中无机成分的总量。灰分可用于评价食品的加工精度和品质。此外,食品中总灰分含量可以反映出食品及其原料、加工和储藏方面的信息。若超出了正常范围,说明生产中使用了不符合规定标准的原料或食品添加剂,或者在加工、物流及储存过程中受到了污染。

2. 实验依据——灼烧法[4]

原理: 将食品样品炭化后,置于500℃以上的高温炉内灼烧,样品中的水分及挥发物质以气态放出,有机物质中的碳、氮、氢等元素与有机物质本身的氧及空气中的氧生成二氧化碳、氮氧化物及水分而散失,无机物以硫酸盐、磷酸盐、碳酸盐、氧化物等无机盐和金属氧化物的形式残留下来。这些经灼烧完全后残留的无机物即为灰分,称量残留物的质量即可计算出样品中总灰分的含量。

3. 材料与设备

1) 材料与试剂

材料: 玉米淀粉,马铃薯淀粉,木薯淀粉等。

试剂: 浓盐酸。

2) 仪器与设备

马弗炉,电炉,坩埚钳,带盖瓷坩埚,分析天平,干燥器,电热板。

4. 实验步骤

灼烧法测定食品中灰分的具体操作步骤如图3-1所示。

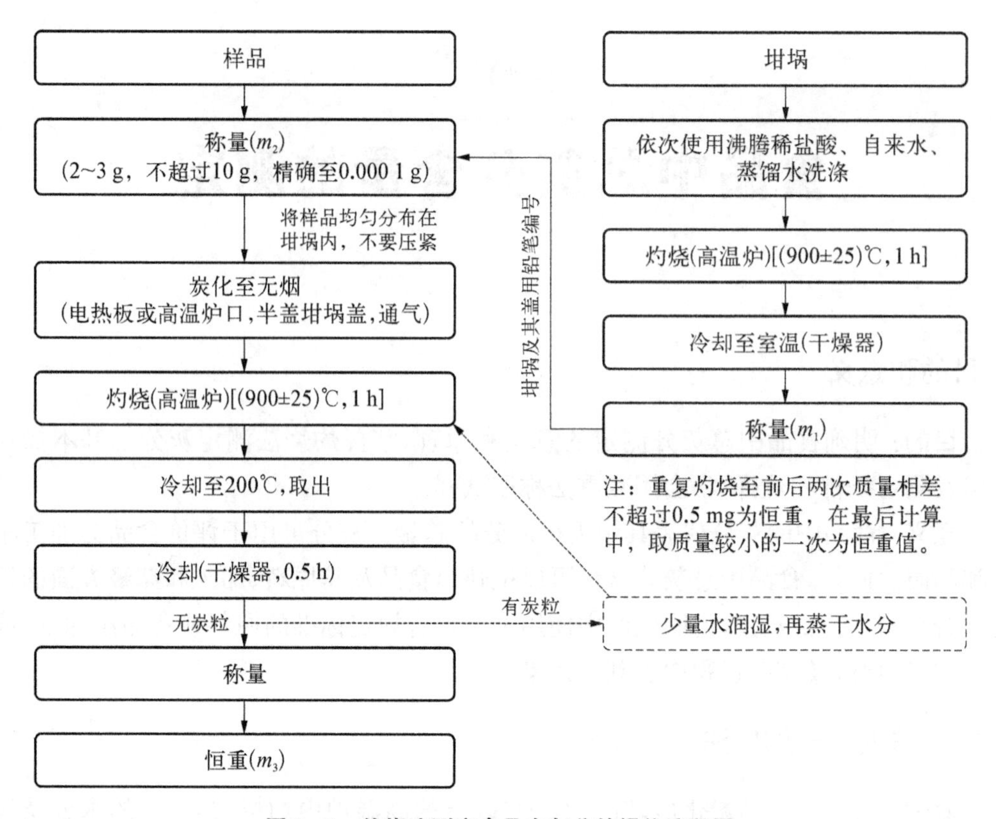

图 3-1　灼烧法测定食品中灰分的操作流程图

5. 注意事项

(1) 本法适用于灰分质量分数不大于 2%的淀粉和变性淀粉。

(2) 炭化时会产生大量有害物质,应在通风橱中进行。

(3) 把坩埚放入高温炉或从炉中取出时,要在炉口停留片刻,使坩埚预热或冷却,防止因温度剧变而使坩埚破裂。

(4) 灼烧后的坩埚应冷却到 200℃以下再移入干燥器,否则因热的对流作用,易造成残灰飞散,冷却速度慢,且使冷却后干燥器内形成较大真空,盖子不易打开。

(5) 若灰化不完全,可取出冷却后,加入数滴硝酸或过氧化氢等强氧化剂,蒸干后再移入高温炉中灰化至白色。

(6) 如果样品中含糖量较高,样品灰化时易疏松膨化溢出坩埚,可预先加几滴纯植物油后再灰化。

(7) 每个样品测定时应做平行试验,样品中灰分含量≥10 g/100 g 时,保留三位有效数字;样品中灰分含量<10 g/100 g 时,保留两位有效数字。在重复性条件下获得的两次独立测定结果的绝对差值不得超过算术平均值的 5%。

6. 结果分析

按表 3 - 1 记录食品中灰分测定的相关实验数据。

表 3 - 1　食品中灰分测定数据记录表

空坩埚质量 m_1/g	坩埚和样品的质量 m_2/g	坩埚和残灰的质量 m_3/g			
		1	2	3	恒重值

计算公式如下：

$$X=\frac{m_3-m_1}{m_2-m_1}\times 100\%$$

式中　X——样品中总灰分的含量；

m_1——空坩埚的质量，g；

m_2——样品和坩埚的质量，g；

m_3——残灰和坩埚的质量，g。

7. 思考讨论

(1) 灰分与食品配方中的无机成分在组成和数量上完全相同吗？

(2) 如何测定液态食品的灰分？如何测定水溶性灰分？

(3) 简述实验心得体会。

实验四

食品中蛋白质含量的测定

1. 目的和意义

目的： 掌握用凯氏定氮法测定食品中蛋白质的含量。

意义： 测定食品中蛋白质的含量，对评价食品的营养价值、合理开发利用食品资源、提高产品质量、优化食品配方、指导生产均具有极其重要的意义。

2. 实验依据——凯氏定氮法(Kjeldahl method)[5]

原理： 食品中的蛋白质与硫酸在催化剂和加热条件下发生化学反应，蛋白质分子分解产生的氨与硫酸结合生成硫酸铵，硫酸铵经碱化蒸馏产生游离氨，游离氨被硼酸吸收后，用硫酸或盐酸标准滴定溶液滴定，然后根据酸的消耗量，计算出蛋白质分子中氮元素的含量，最后乘以换算系数，即得蛋白质的含量。因为食品中除蛋白质外，还含有其他含氮物质，所以此法测定的蛋白质为粗蛋白。具体化学反应方程式如下：

$$R-\underset{NH_2}{\overset{H}{\underset{|}{\overset{|}{C}}}}-COO + H_2SO_4 \xrightarrow[\triangle]{\text{催化剂}} CO_2 + SO_2 + H_2O + NH_3\uparrow$$

$$NH_3 + H_2SO_4 \longrightarrow (NH_4)_2SO_4$$

$$(NH_4)_2SO_4 + NaOH \longrightarrow Na_2SO_4 + H_2O + NH_3\uparrow$$

$$(NH_4)_2B_4O_7 + HCl + H_2O \longrightarrow NH_4Cl + H_3BO_3$$

$$NH_3 + H_3BO_3 \longrightarrow (NH_4)_2B_4O_7 + H_2O$$

3. 材料与设备

1) 材料与试剂

材料： 豆奶粉。

试剂： 硫酸铜($CuSO_4 \cdot 5H_2O$)；硫酸钾；硫酸(1.841 9 g/L)；硼酸溶液(20 g/L)；氢氧化钠溶液(400 g/L)；盐酸标准滴定溶液(0.050 0 mol/L)；混合指示试剂：1 份甲基红乙醇溶液[1 g/L，溶剂为 95%(体积分数)乙醇]与 5 份溴甲酚绿乙醇溶液[1 g/L，溶剂为 95%(体积分数)乙醇]，在临用时混合配制。

2）仪器与设备

锥形瓶，酸式滴定管，天平，自动凯氏定氮仪（含消化炉和消化管）。

4. 实验步骤

凯氏定氮法测定食品蛋白质含量的具体操作步骤如图 4－1 所示。

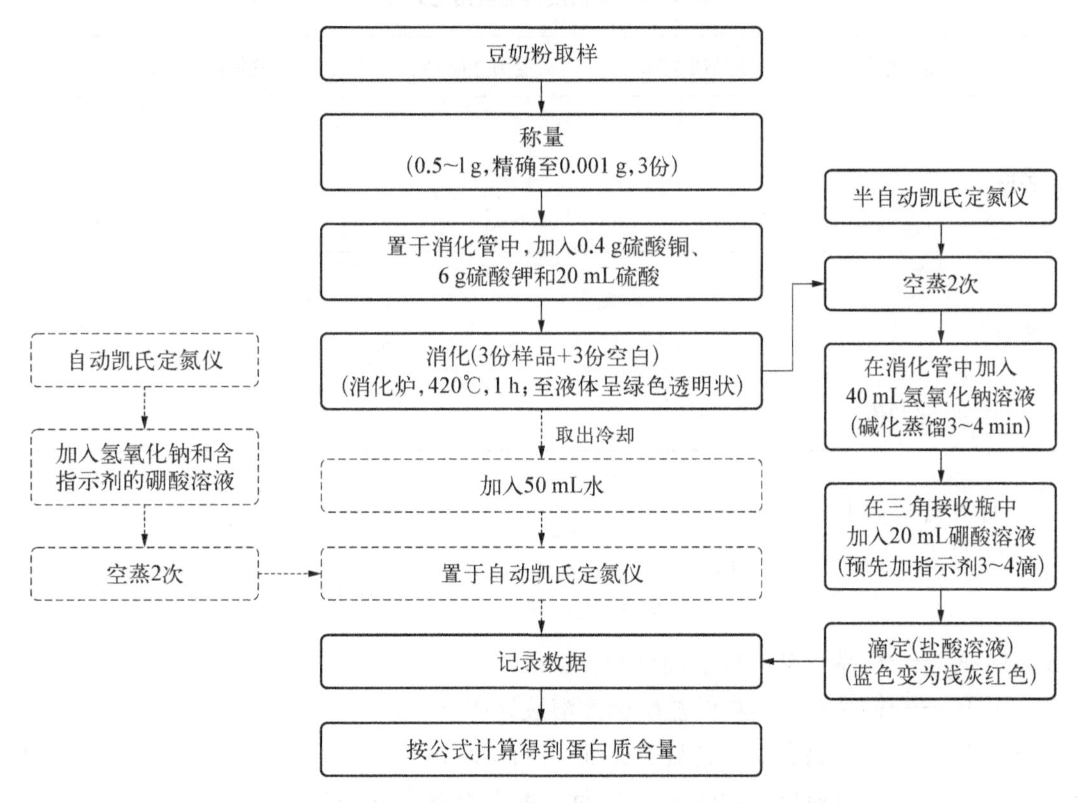

图 4－1　凯氏定氮法测定食品蛋白质含量的操作流程图

5. 注意事项

（1）本方法不适用于添加无机含氮物质（如硝酸盐等）、有机非蛋白质含氮物质（如三聚氰胺、尿素等）的食品的测定；且所有的试剂溶液应用不含氮的蒸馏水配制。

（2）消化、碱化蒸馏后的消化瓶温度非常高，须使用专用试管夹。

（3）消化过程须在通风橱内进行；消化过程中注意摇匀，否则容易出现黑色杂质，使消化不均匀。

（4）应严格按照自动定氮仪使用说明操作。

（5）蛋白质含量≥1 g/100 g 时，结果保留三位有效数字；蛋白质含量<1 g/100 g 时，结果保留两位有效数字。在重复条件下获得的两次独立测定结果的绝对差值，不

得超过算术平均值的10%。

6. 结果分析

按表4-1记录食品灰分测定的相关实验数据。

表4-1　蛋白质测定数据记录表

	实验序号	样品质量/g	滴定用盐酸体积/mL	蛋白质含量/(g/100 g)
空白	1			—
	2			—
	3			—
样品	1			
	2			
	3			
	平均值	—	—	

计算公式如下：

$$X=\frac{(V_1-V_2)\times c\times 0.0140}{m\times V_3/100}\times F\times 100$$

式中　X——样品蛋白质含量，g/100 g；

V_1——样品滴定消耗的盐酸标准溶液体积，mL；

V_2——空白滴定消耗的盐酸标准溶液体积，mL；

V_3——吸取消化液的体积，mL(注：本实验吸取10 mL)；

c——盐酸标准滴定溶液浓度，mol/L；

0.014 0——1.0 mL盐酸[$c_{HCl}=1.000$ mol/L]标准滴定溶液相当的氮的质量，g；

m——样品的质量，g；

F——氮换算为蛋白质的系数，多数食品(如鸡蛋、肉及肉制品、玉米、大豆蛋白制品、复合配方食品等)的F值为6.25，芝麻、棉籽、葵花籽、核桃和榛子的F值为5.30，花生的F值为5.46，菜籽的F值为5.53，面粉的F值为5.70，大豆及其粗加工制品的F值为5.71，小麦和小米的F值为5.83，大米及米粉的F值为5.95，纯乳及乳制品的F值为6.38；

100——单位换算系数。

7. 思考讨论

(1) 实验操作过程中，影响测定准确性的因素有哪些？硫酸钾和硫酸铜的作用是什么？

(2) 在盐酸滴定过程中，能否使用酚酞作为指示剂？为什么？

(3) 简述实验心得体会。

实验五

食品中粗脂肪含量的测定

1. 目的和意义

目的：掌握用索氏抽提法测定食品中粗脂肪的含量。

意义：测定食品中的脂肪含量，不但可以用来评价食品的品质、评估食品的营养和功能，而且对食品生产、储存、监督等都具有指导意义。

2. 实验依据——索氏抽提法(Soxhelt extraction)[6]

原理：利用脂肪能溶于有机溶剂的性质，在索氏提取器中将样品用无水乙醚或石油醚等有机溶剂反复萃取，使样品中的脂肪不断进入有机溶剂，最后通过蒸发脱除溶剂，干燥后得到的物质即为食品的粗脂肪。

3. 材料与设备

1）材料与试剂

材料：全脂奶粉，桃酥，曲奇饼干。

试剂：无水乙醚或石油醚(馏程为 30～60℃)。

2）仪器与设备

滤纸或滤纸筒，索氏抽提器(见图 5－1)，电热恒温鼓风干燥箱，恒温水浴锅，干燥器，分析天平。

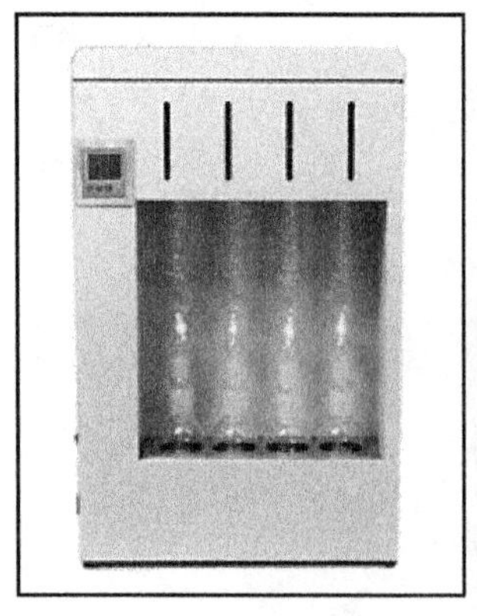

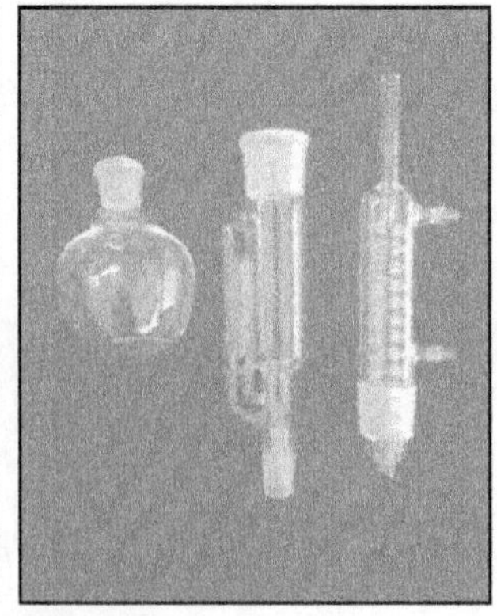

图 5－1　索氏抽提器

4. 实验步骤

索氏抽提法测定食品粗脂肪含量的具体操作步骤如图 5-2 所示。

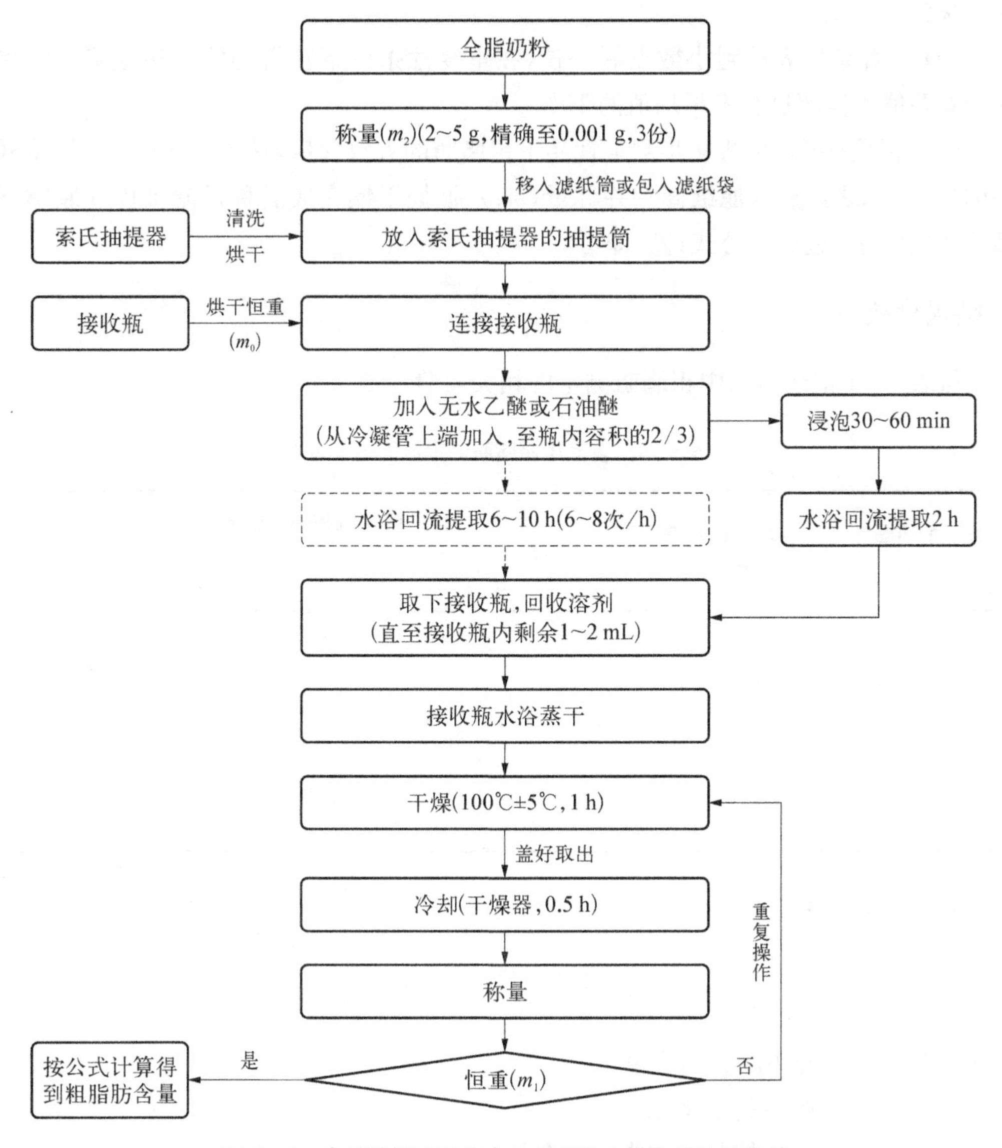

图 5-2　索氏抽提法测定食品粗脂肪含量的操作流程图

5. 注意事项

(1) 本法适用于粮食及其制品、果蔬及其制品、肉蛋及其制品、水产及其制品、焙烤食品和糖果等食品中游离态脂肪含量的测定。

(2) 滤纸筒高度不得超过虹吸管的高度,抽提完成后,滤纸筒须置于通风橱内,待乙醚挥发完全后,再按规定处理。

(3) 本实验样品水分含量需在6%以下或在抽提前进行干燥处理。

(4) 乙醚为易燃的有机溶剂,实验室内不可使用明火。

(5) 重复至前后两次质量相差不超过2 mg为恒重,在最后计算中,取质量较小的一次为恒重值。

(6) 计算结果表示到小数点后一位,在重复性条件下获得的两次独立测定结果的绝对差值不得超过算术平均值的10%。

(7) 也可采用减量法初步测定食品中粗脂肪的大致含量,具体操作如下:先将样品称量(m_2),之后放入滤纸筒一并称量(m_1),抽提干燥完成后称量滤纸筒和脱脂样品的质量(m_0),最后按公式计算即可。

6. 结果分析

按表5-1记录食品中粗脂肪测定的相关实验数据。

表5-1　食品中粗脂肪测定数据记录表

样品的质量 m_2/g	接收瓶的质量 m_0/g	抽提后接收瓶和样品的质量 m_1/g			
		1	2	3	恒重值

计算公式如下:

$$X=\frac{m_1-m_0}{m_2}\times 100\%$$

式中　X——试样中脂肪的含量;

m_0——接收瓶的质量,g;

m_1——恒重后接收瓶和脂肪的含量,g;

m_2——样品的质量,g。

7. 思考讨论

(1) 液体或半固体食品在索氏抽提前的处理和本实验样品有何不同?

(2) 简述其他几种测定食品中脂肪的方法。

(3) 简述实验心得体会。

实验六

食品中膳食纤维含量的测定

1. 目的和意义

目的： 掌握用酶重量法测定食品中膳食纤维的含量。

意义： 膳食纤维是指不能被人体小肠消化吸收但具有健康意义的、植物中天然存在或提取/合成的、聚合度 DP≥3 的碳水化合物，包括纤维素、半纤维素、木质素、果胶、琼脂及其他单体成分等。它被称为第七营养素，是人类饮食中不可缺少的组分之一，在预防便秘、提高免疫、控制血糖等方面都被证实有效。在部分食品营养标签上常常能看到膳食纤维这一指标，如全谷物食品、婴幼儿配方奶粉等。因此，测定食品中的膳食纤维含量十分必要。

2. 实验依据——酶重量法[7]

原理： 干燥的食品样品依次经热稳定 α-淀粉酶、蛋白酶和葡萄糖苷酶的酶解，先经消化去除蛋白质和淀粉，接着经乙醇沉淀、抽滤，最后用乙醇和丙酮洗涤残渣，干燥称量，即为总膳食纤维残渣(total dietary fiber, TDF)。另取样品同样酶解，直接抽滤并用热水洗涤，残渣干燥称量，即为不溶性膳食纤维残渣(insoluble dietary fiber, IDF)；滤液用 4 倍体积的乙醇沉淀、抽滤、干燥称量，即为可溶性膳食纤维残渣(soluble dietary fiber, SDF)。扣除各类膳食纤维残渣中相应的蛋白质、灰分和试剂空白含量，即可分别计算食品样品中总膳食纤维、不溶性膳食纤维和可溶性膳食纤维的含量。

3. 材料与设备

1) 材料与试剂

材料： 燕麦片。

试剂： 85%乙醇(体积分数，895 mL95%乙醇，用水定容至 1 L)，78%乙醇(体积分数，821 mL95%乙醇，用水定容至 1 L)，丙酮，石油醚(沸程为 30～60℃)，氢氧化钠溶液(1 mol/L，6 mol/L)，乙酸溶液(3 mol/L，172 mL 乙酸+700 mL 水，混匀后用水定容至 1 L)，盐酸溶液(1 mol/L，2 mol/L)，浓硫酸，热稳定 α-淀粉酶溶液[CAS 9000-85-5，IUB 3.2.1.1，(10 000±1 000) U/mL，0～5℃储存]，淀粉葡萄糖苷酶液(CAS 9032-08-0，IUB 3.2.1.3，2 000～3 300 U/mL，0～5℃储存)，MES-TRIS 缓冲液

[0.05 mol/L，19.52 g 2-(N-吗啉代)乙烷磺酸+12.2 g 三羟甲基氨基甲烷+1.7 L 水，用 6 mol/L 氢氧化钠调节 pH 值，20℃调至 8.3，24℃调至 8.2，28℃调至 8.1，其他室温用插入法校正 pH 值，再加水稀释至 2 L]，蛋白酶溶液(用 MES-TRIS 缓冲液将活性为 300～400 U/mL 的蛋白酶液 CAS 9014-01-1，IUB 3.2.21.14，配成浓度为 50 mg/mL的溶液，使用前现配)，重铬酸钾洗液(10 g 重铬酸钾+20 mL 水+180 mL 浓硫酸)，酸性硅藻土[取 CAS 688 55-54-9 硅藻土 200 g 于 600 mL 的 2 mol/L 盐酸溶液中，浸泡过夜，用水洗至中性后在(525±5)℃马弗炉灼烧灰分后备用]。

2) 仪器与设备

高型无导流口烧杯(400 mL 或 600 mL)，坩埚[具粗面烧结玻璃板，孔径为 40～60 μm。清洗后在马弗炉中(525±5)℃灰化 6 h，炉温降至 130℃以下取出，于重铬酸钾洗液中室温浸泡 2 h，用水冲洗干净，再用 15 mL 丙酮冲洗后风干。用前加入约 1.0 g硅藻土，130℃烘干，取出坩埚，在干燥器中冷却约 1 h，称量，记录处理后坩埚质量 m_G，精确到 0.1 mg]，磁力搅拌器，真空抽滤装置，恒温振荡水浴箱，分析天平，马弗炉，烘箱，干燥器，pH 计，真空干燥箱，筛(孔径为 0.3～0.5 mm)。

4. 实验步骤

酶重量法测定食品中膳食纤维含量的酶解操作步骤如图 6-1 所示，食品酶解后 TDF、IDF 和 SDF 含量的测定操作步骤如图 6-2 所示。

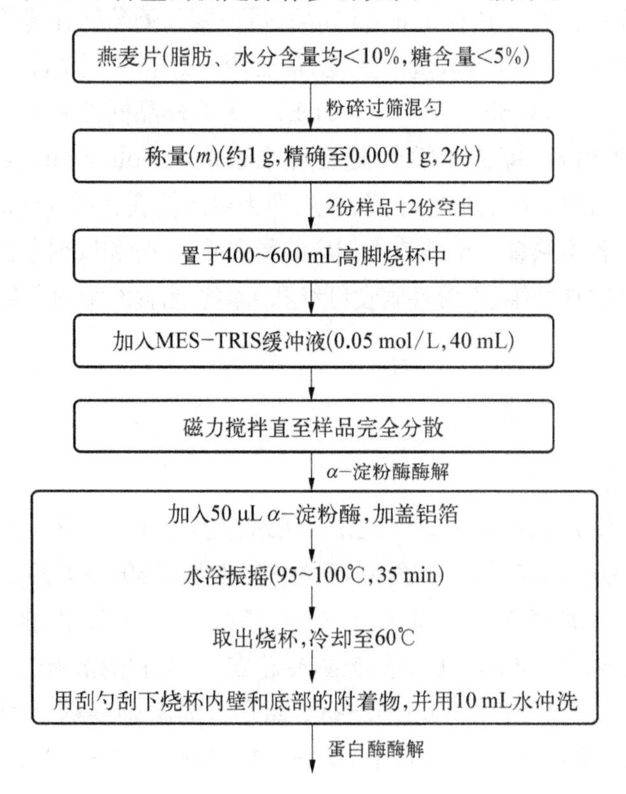

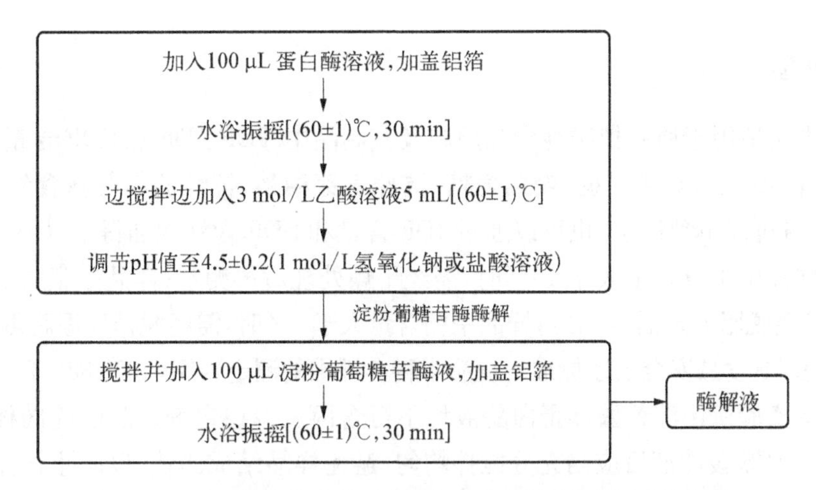

图 6－1　酶重量法测定食品中膳食纤维含量的酶解操作流程图

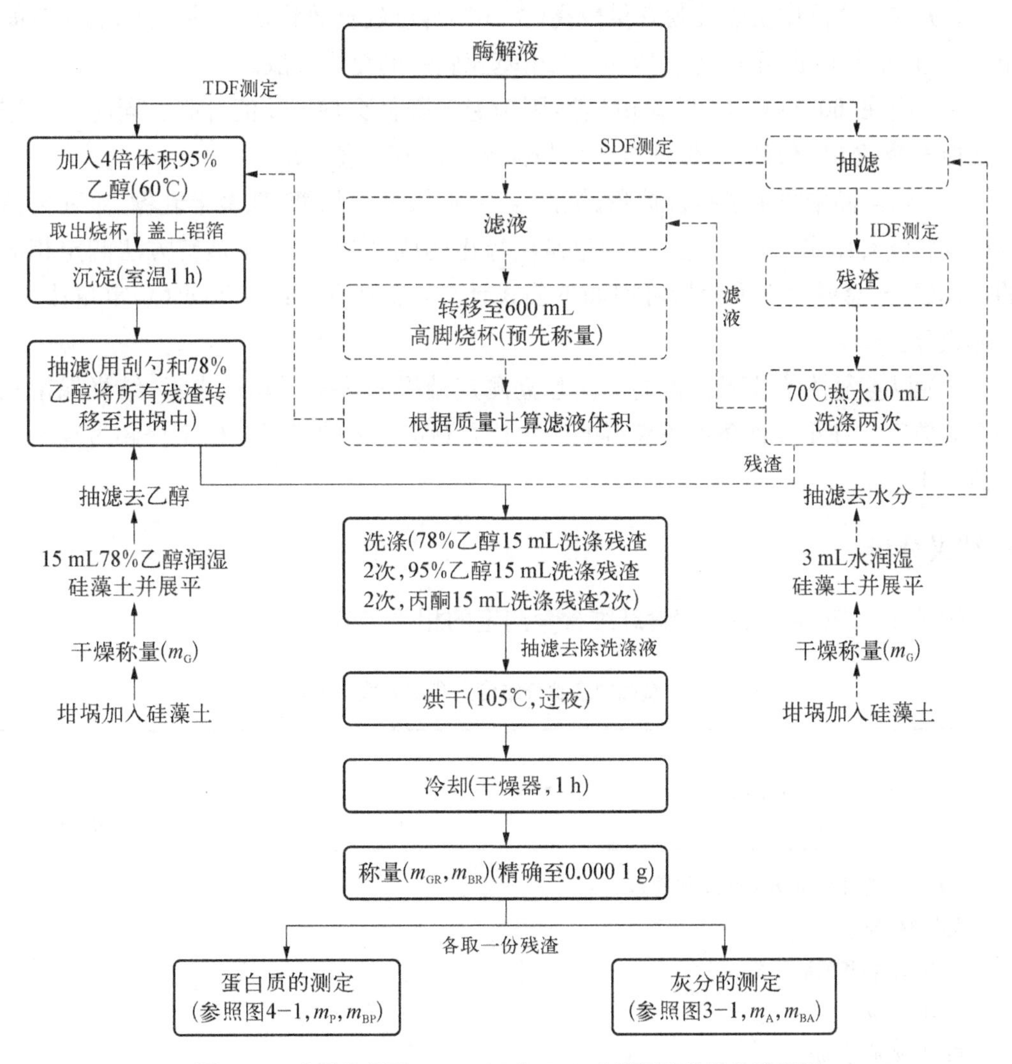

图 6－2　食品酶解后 TDF、IDF 和 SDF 含量测定的操作流程图

5. 注意事项

(1) 本法适用于所有植物性食品原料及其制品中 TDF、IDF 和 SDF 含量的测定，不包括低聚果糖、低聚半乳糖、聚葡萄糖、抗性麦芽糊精、抗性淀粉等膳食纤维组分。TDF 的含量可以单独测定，也可以通过 IDF 含量和 SDF 含量相加得出。

(2) 样品中水分含量大于 10%时，需经干燥处理后再测定；样品中脂肪含量大于 10%时，需经脱脂处理后再测定；样品中糖含量大于 5%时，需经脱糖处理后再测定[具体操作可参照《食品安全国家标准　食品中膳食纤维的测定》(GB 5009.88—2014)]。

(3) 本实验所用淀粉酶和蛋白酶液均不得含丙三醇稳定剂。酶解前向样品中加入 MES - TRIS 缓冲液后应当充分搅拌均匀，避免样品结成团块，以防止样品在酶解过程中不能与酶充分接触。

(4) 如果样品中抗性淀粉含量较高(>40%)，可延长热稳定 α -淀粉酶酶解时间至 90 min，必要时也可另加入 10 mL 二甲基亚砜帮助淀粉分散。

(5) 应在(60±1)℃时调节 pH 值，因为温度降低会使 pH 值升高。同时注意进行空白样液的 pH 值测定，保证空白样与样品液的 pH 值一致。

(6) 当样品中添加了抗性淀粉、抗性麦芽糊精、低聚果糖、低聚半乳糖、聚葡萄糖等符合膳食纤维定义却无法通过酶重量法检出的成分时，应采用适宜方法测定相应的单体成分，总膳食纤维含量可用如下公式计算：总膳食纤维＝TDF(酶重量法)＋单体成分。

(7) 以重复性条件下获得的两次独立测定结果的算术平均值表示，结果保留三位有效数字。在重复性条件下获得的两次独立测定结果的绝对差值不得超过算术平均值的 10%。

6. 结果分析

按表 6 - 1 记录食品中膳食纤维含量测定的相关实验数据。

表 6 - 1　食品中膳食纤维含量测定的数据记录表

测定质量/g	序号		
	1	2	均值
试剂空白处理后坩埚和残渣质量 m_{BR}			
样品取样质量 m			
处理后坩埚和残渣质量 m_{GR}			—
坩埚质量 m_G			—
样品残渣质量 m_R			

续　表

测定质量/g	序号		
	1	2	均　值
试剂空白残渣中蛋白质质量 m_{BP}			—
试剂空白残渣中灰分质量 m_{BA}			—
样品残渣中蛋白质质量 m_P			—
样品残渣中灰分质量 m_A			—
试剂空白质量 m_B			—

TDF、IDF、SDF 均可按如下方法计算。

试剂空白质量计算公式如下：

$$m_B = m_{BR} - m_G - m_{BP} - m_{BA}$$

式中　m_B——试剂空白质量，g；

m_{BR}——试剂空白处理后坩埚和残渣质量，g；

m_G——坩埚质量，g；

m_{BP}——试剂空白残渣中蛋白质质量，g；

m_{BA}——试剂空白残渣中灰分质量，g。

样品中膳食纤维含量计算公式如下：

$$m_R = m_{GR} - m_G$$

$$X = \frac{\overline{m_R} - m_P - m_A - m_B}{\overline{m} \times f} \times 100$$

式中　m_R——样品残渣质量，g；

m_{GR}——处理后坩埚和残渣质量，g；

m_G——处理后坩埚质量，g；

X——样品中膳食纤维的含量，g/100 g；

$\overline{m_R}$——双份样品残渣质量均值，g；

m_P——样品残渣中蛋白质质量，g；

m_A——样品残渣中灰分质量，g；

m_B——试剂空白质量，g；

$\overline{m}$——双份样品取样质量均值，g；

f——样品制备时因干燥、脱脂、脱糖导致质量变化的校正因子(为样品制备前质量和制备后质量的比值)，本实验取 1；

100——单位换算系数。

7. 思考讨论

(1) 测定高脂和高糖食品的膳食纤维含量时,如何进行脱脂和脱糖处理?

(2) 在图 6-1 中,酶解完成后酶解液的体积为多少?沉淀过程 95%乙醇的用量为多少?

(3) 简述实验心得体会。

实验七

食品中还原糖含量、碳水化合物及能量的测定

1. 目的和意义

目的： 掌握用直接滴定法测定食品中还原糖的含量；掌握碳水化合物和能量的计算方法。

意义： 糖类是食品形态、质构、理化性质以及色、香、味等感官指标的重要影响因子，对食品的体积、黏度、乳化和泡沫稳定性、持水性、冷冻-解冻稳定性、风味、质地、褐变等起着不可忽视的作用。糖类中的单糖和仍保留有半缩醛羟基的低聚糖均能还原斐林试剂，称为还原糖。食品中还原糖的测定对于食品质量和品质评估具有十分重要的意义。还原糖是碳水化合物，是膳食能量的来源之一，食品营养标签常强制要求标示碳水化合物和能量，因此，生产商必须测定并标识碳水化合物和能量等指标。

2. 实验依据——直接滴定法[8]

原理： 食品样品除去蛋白质后，以亚甲蓝做指示剂，在加热条件下，用样品液滴定标定过的碱性酒石酸铜溶液（已用还原糖标准溶液标定），根据样品液的消耗体积计算样品中还原糖的含量。

反应原理： 将一定量的碱性酒石酸铜甲、乙液等量混合，立即生成天蓝色的氢氧化铜沉淀，这种沉淀与酒石酸钾钠反应，生成深蓝色的可溶性酒石酸钾钠铜配合物。在加热条件下，以亚甲蓝试剂为指示，用样液滴定，样品中的还原糖与酒石酸钾钠铜反应，生成红色的氧化亚铜沉淀。待二价铜全部被还原后，稍过量的还原糖把亚甲蓝还原，溶液由蓝色变为无色，即为滴定终点。

反应方程式：

$$CuSO_4 + 2NaOH \longrightarrow Cu(OH)_2\downarrow + Na_2SO_4$$

$$Cu(OH)_2 + \begin{array}{c} COOK \\ | \\ CHOH \\ | \\ CHOH \\ | \\ COONa \end{array} \longrightarrow \begin{array}{c} COOK \\ | \\ CHO \\ | \\ CHO \\ | \\ COONa \end{array}\!\!\!\!\!\!>Cu + 2H_2O$$

$$\begin{matrix}\text{CHO}\\ |\\ (\text{CHOH})_4\\ |\\ \text{CH}_2\text{OH}\end{matrix} + 2\begin{matrix}\text{COOK}\\ |\\ \text{CHO}\\ |\\ \text{CHO}\\ |\\ \text{COONa}\end{matrix}\!\!>\!\text{Cu} + 2\text{H}_2\text{O} \longrightarrow 2\begin{matrix}\text{COOK}\\ |\\ \text{CHOH}\\ |\\ \text{CHOH}\\ |\\ \text{COONa}\end{matrix} + \begin{matrix}\text{COOH}\\ |\\ (\text{CHOH})_4\\ |\\ \text{CH}_2\text{OH}\end{matrix} + \text{Cu}_2\text{O}\downarrow$$

$$\text{Cu}_2\text{O} + \text{K}_4\text{Fe(CN)}_6 + \text{H}_2\text{O} \longrightarrow \text{K}_2\text{Cu}_2\text{Fe(CN)}_6 + 2\text{KOH}$$

$$\begin{matrix}\text{CHO}\\ |\\ (\text{CHOH})_4\\ |\\ \text{CH}_2\text{OH}\end{matrix} + (\text{CH}_3)_2\text{N}\text{—[N, S]—}\text{N}^+(\text{CH}_3)_2\text{Cl}^- + \text{H}_2\text{O} \rightleftharpoons$$

$$\begin{matrix}\text{COOH}\\ |\\ (\text{CHOH})_4\\ |\\ \text{CH}_2\text{OH}\end{matrix} + (\text{CH}_3)_2\text{N}\text{—[NH, S]—}\text{N}(\text{CH}_3)_2 + \text{HCl}$$

在以上反应式中，虽然葡萄糖与 Cu^{2+} 反应的摩尔比为 1∶6，但实际情况要复杂得多，两者之间的反应并非严格按反应式的化学剂量比进行，还受反应条件的影响。因此，不能根据上述反应式直接计算出还原糖的含量，而是用已知浓度的葡萄糖标准溶液标定的方法来计算。

3. 材料与设备

1）材料与试剂

材料：碳酸饮料。

试剂：碱性酒石酸铜甲液（15 g 硫酸铜+0.05 g 亚甲蓝，用水定容至 1 000 mL），碱性酒石酸铜乙液（50 g 酒石酸钾钠+75 g 氢氧化钠+4 g 亚铁氰化钾，用水定容至 1 000 mL），盐酸溶液（50 mL 盐酸+50 mL 水），葡萄糖标准溶液（1.0 mg/mL，准确称取在 98～100℃烘箱中干燥 2 h 后的葡萄糖 1 g，加水溶解后加入盐酸溶液 5 mL，并用水定容至 1 000 mL）。

2）仪器与设备

玻璃珠，酸式滴定管（25 mL），容量瓶（250 mL），蒸发皿，锥形瓶（150 mL），天平，水浴锅，可调温电炉。

4. 实验步骤

直接滴定法测定食品中还原糖含量的具体操作步骤如图 7－1 所示。

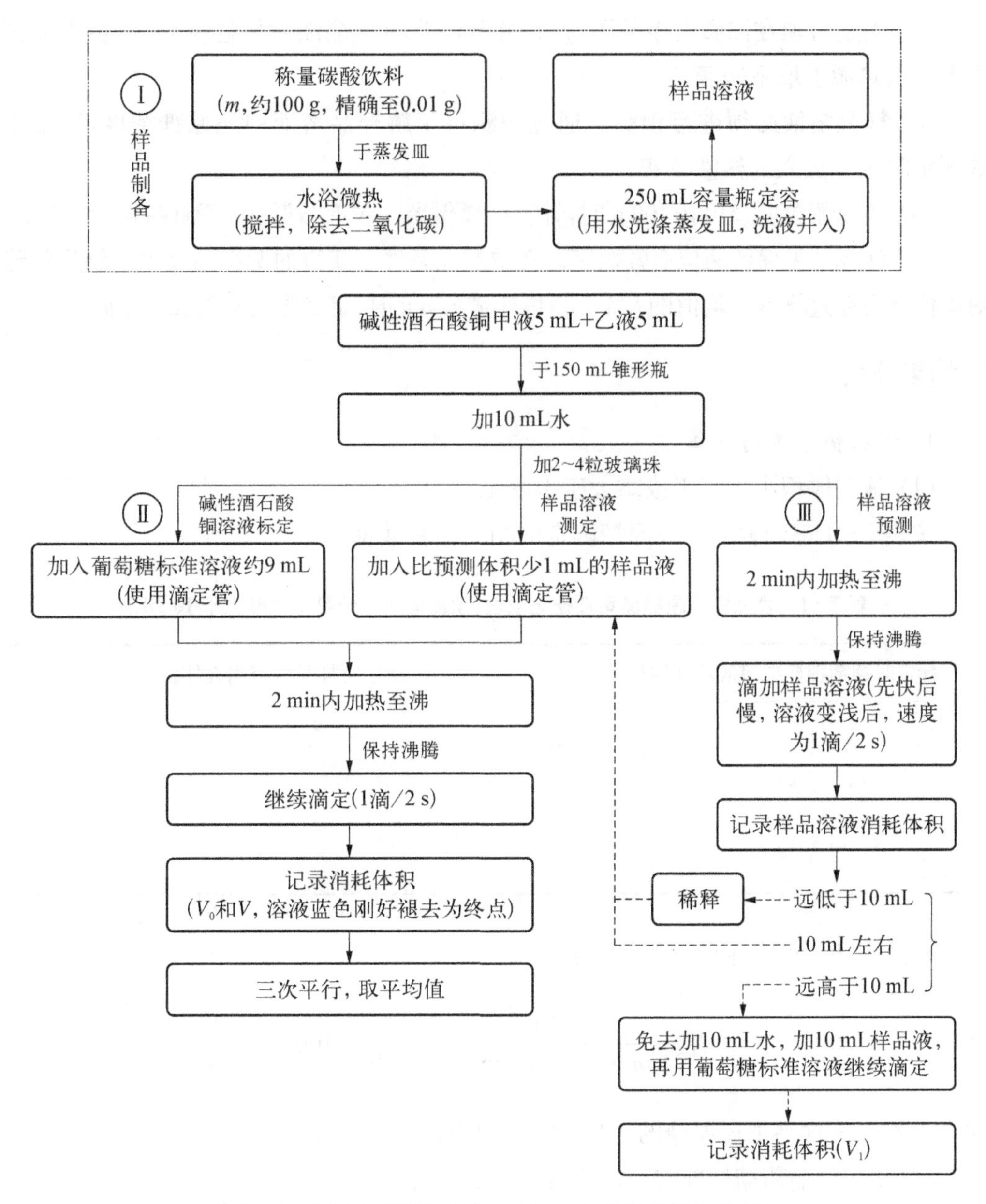

图 7-1　直接滴定法测定食品中还原糖含量的操作流程图

5. 注意事项

(1) 本法适用于各类食品中的还原糖测定，但对于酱油、深色果汁等样品，因色素干扰，应特别注意滴定终点的判断。

(2) 碱性酒石酸铜甲液和乙液应分别储存，用时混合。

(3) 实验要求在 2 min 内加热至沸，滴定速度为 1 滴/2 s，总沸腾时间 3 min。测定所用的锥形瓶规格、电炉功率、预加入体积等应尽量一致，以提高测定精度。

(4) 滴定必须在沸腾的条件下进行,并且滴定时不能随意振摇锥形瓶,更不能把锥形瓶从热源上取下来滴定。

(5) 样品溶液必须进行预测。通过预测可了解样品溶液中还原糖浓度,确定正式测定时预先加入的样液体积。

(6) 还原糖含量≥10 g/100 g时,计算结果保留三位有效数字;还原糖含量<10 g/100 g时,计算结果保留两位有效数字。在重复性条件下获得的两次独立测定结果的绝对差值不得超过算术平均值的5%。当称样量为5 g时,定量限为0.25 g/100 g。

6. 结果分析

1) 还原糖含量的计算

(1) 预测体积小于等于或略大于10 mL。

按表7-1记录食品中还原糖测定的相关实验数据。

表7-1 食品中还原糖测定数据记录表(预测体积小于等于或略大于10 mL)

标定时葡萄糖标准溶液消耗体积 V_0/mL				测定时样品溶液消耗体积 V/mL			
1	2	3	平均值	1	2	3	平均值

样品中还原糖含量的计算公式:

$$X = \frac{1.0 \times V_0}{m \times F \times V/250 \times 1\,000} \times 100$$

式中 X ——样品中还原糖的含量(以葡萄糖计),g/100 g;

1.0 ——葡萄糖标准溶液浓度,mg/mL;

V_0——标定时葡萄糖标准溶液的平均消耗体积,mL;

m ——样品质量,g;

V ——测定时样品溶液的平均消耗体积,mL;

F ——系数(本实验为碳酸饮料,取值1;其他食品取值0.80);

250 ——定容体积,mL;

1 000 ——换算系数。

(2) 预测体积远大于10 mL。

按表7-2记录食品中还原糖测定的相关实验数据。

表 7－2　食品中还原糖测定数据记录表(预测体积远大于 10 mL)

标定时葡萄糖标准溶液消耗体积 V_0/mL				测定时葡萄糖标准溶液消耗体积 V_1/mL			
1	2	3	平均值	1	2	3	平均值

样品中还原糖含量的计算公式：

$$X=\frac{1.0\times(V_0-V_1)}{m\times F\times 10/250\times 1\,000}\times 100$$

式中　X——样品中还原糖的含量(以葡萄糖计)，g/100 g；

1.0——葡萄糖标准溶液的浓度，mg/mL；

V_0——标定时葡萄糖标准溶液的平均消耗体积，mL；

V_1——测定时葡萄糖标准溶液的平均消耗体积，mL；

F——系数(本实验为碳酸饮料，取值 1；其他食品取值 0.80)；

m——样品质量，g；

10——样液体积，mL；

250——定容体积，mL；

1 000——换算系数。

2) 碳水化合物的计算

样品中碳水化合物的质量分数计算公式：

$$A_1=100-(A_2+A_3+A_4+A_5+A_6)$$

式中　A_1——碳水化合物的质量分数，%；

A_2——蛋白质的质量分数，%；

A_3——脂肪的质量分数，%；

A_4——膳食纤维的质量分数，%；

A_5——水分的质量分数，%；

A_6——灰分的质量分数，%。

3) 能量的计算

样品的能量计算公式：

$$X=A_1\times B_1+A_2\times B_2+A_3\times B_3+A_4\times B_4$$

式中　X——能量值，kJ/100 g；

A_1——碳水化合物的质量分数，%；
B_1——碳水化合物的能量系数，17 kJ/g；
A_2——蛋白质的质量分数，%；
B_2——蛋白质的能量系数，17 kJ/g；
A_3——脂肪的质量分数，%；
B_3——脂肪的能量系数，37 kJ/g；
A_4——膳食纤维的质量分数，%；
B_4——膳食纤维的能量系数，8 kJ/g

7. 思考讨论

(1) 碱性酒石酸铜甲液和乙液为什么应分别储存？
(2) 滴定为什么必须在沸腾的条件下进行？
(3) 简述实验心得体会。

实验八

食品中钠和氯含量的测定

1. 目的和意义

目的： 掌握用原子吸收光谱法测定食品中钠的含量；掌握用电位滴定法测定食品中氯离子的含量。

意义： 食盐(主要成分氯化钠)是生活必需品。一方面它对调节机体水分，维持人体酸碱平衡有非常重要的作用。另一方面如果钠摄入过多，会增加罹患高血压等慢性病的风险；如果食品中含氯过多，也可能导致一些含氯有毒化合物的产生，如3-氯-1,2-丙二醇(3-MPCD)等氯丙醇类化合物。我国膳食指南推荐成年人每日食盐的摄入量不超过6 g。钠是预包装食品营养标签的必标元素[9]，氯离子的含量在某种程度上也可以反映食品中钠的含量，因此，测定食品中钠和氯具有重要意义。

2. 实验依据

1) 钠元素含量的测定——原子吸收光谱法[10]

原理： 原子吸收光谱法是基于测定物质所产生的原子蒸气中基态原子对待测元素的特征谱线的吸收作用来进行定量分析的一种方法。样品经消解处理后，注入原子吸收光谱仪中，火焰原子化后钠吸收589.0 nm共振线，在一定浓度范围内，其吸收值与钠的含量成正比，通过与标准系列比较进行定量。

2) 氯化物的测定——电位滴定法[11]

原理： 食品样品经酸化处理后，加入丙酮，以玻璃电极为参比电极，银电极为指示电极，用硝酸银标准滴定溶液滴定样液中的氯化物。根据电位的“突跃”，确定滴定终点。以硝酸银标准滴定溶液的消耗量，计算食品中氯化物的含量。

3. 材料与设备

1) 材料与试剂

材料： 酱油，薯片。

试剂： 对钠的测定　混合酸(100 mL高氯酸+900 mL硝酸)，硝酸溶液(10 mL硝酸+990 mL水)，氯化铯溶液(5 g氯化铯，用水定容至100 mL)，钠标准系列工作液(配制过程见图8-1)。

对氯的测定　丙酮，硝酸溶液(100 mL硝酸+300 mL水)，氯化钠基准溶液

(0.010 00 mol/L,称取 0.584 4 g 经 500～600℃灼烧至恒重的氯化钠,用水定容至 1 000 mL),硝酸银标准滴定溶液(0.02 mol/L,称取 3.40 g 硝酸银,用少量硝酸溶解后,棕色容量瓶中用水定容至 1 000 mL),硝酸银标准滴定溶液的标定与样品的测定方法相同,如图 8-2 所示。

2) 仪器与设备

钠的测定：烧杯(50 mL),容量瓶(50 mL,100 mL,1 000 mL),聚乙烯瓶,移液管(5 mL),原子吸收光谱仪,分析天平,可调式控温电热板或电热炉,恒温干燥箱。

氯的测定：烧杯(50 mL),具塞比色管(100 mL),酸式滴定管,量筒(50 mL),玻璃电极,银电极,超声波清洗器,电磁搅拌器,电位滴定仪,分析天平。

4. 实验步骤

1) 钠含量的测定

原子吸收光谱法测定食品中钠含量的具体操作步骤如图 8-1 所示。

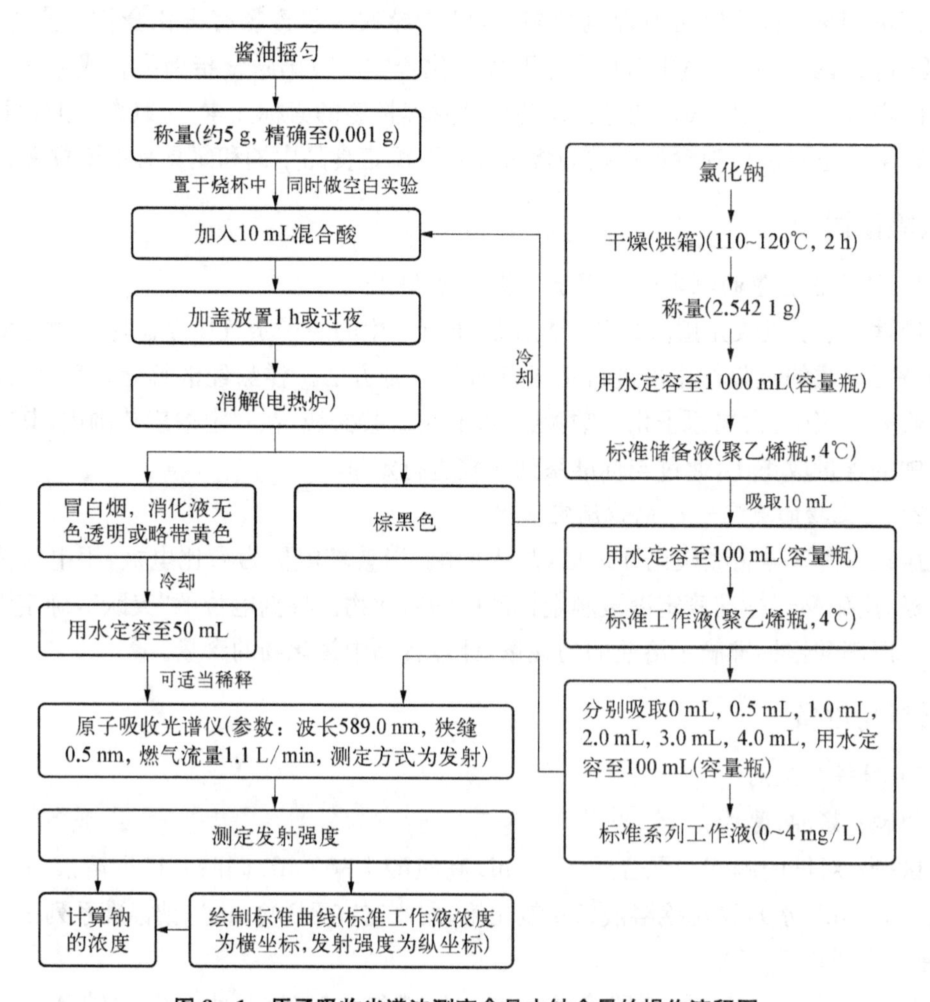

图 8-1　原子吸收光谱法测定食品中钠含量的操作流程图

2）氯化物的测定

电位滴定法测定食品中氯化物含量的具体操作步骤如图 8-2 所示。

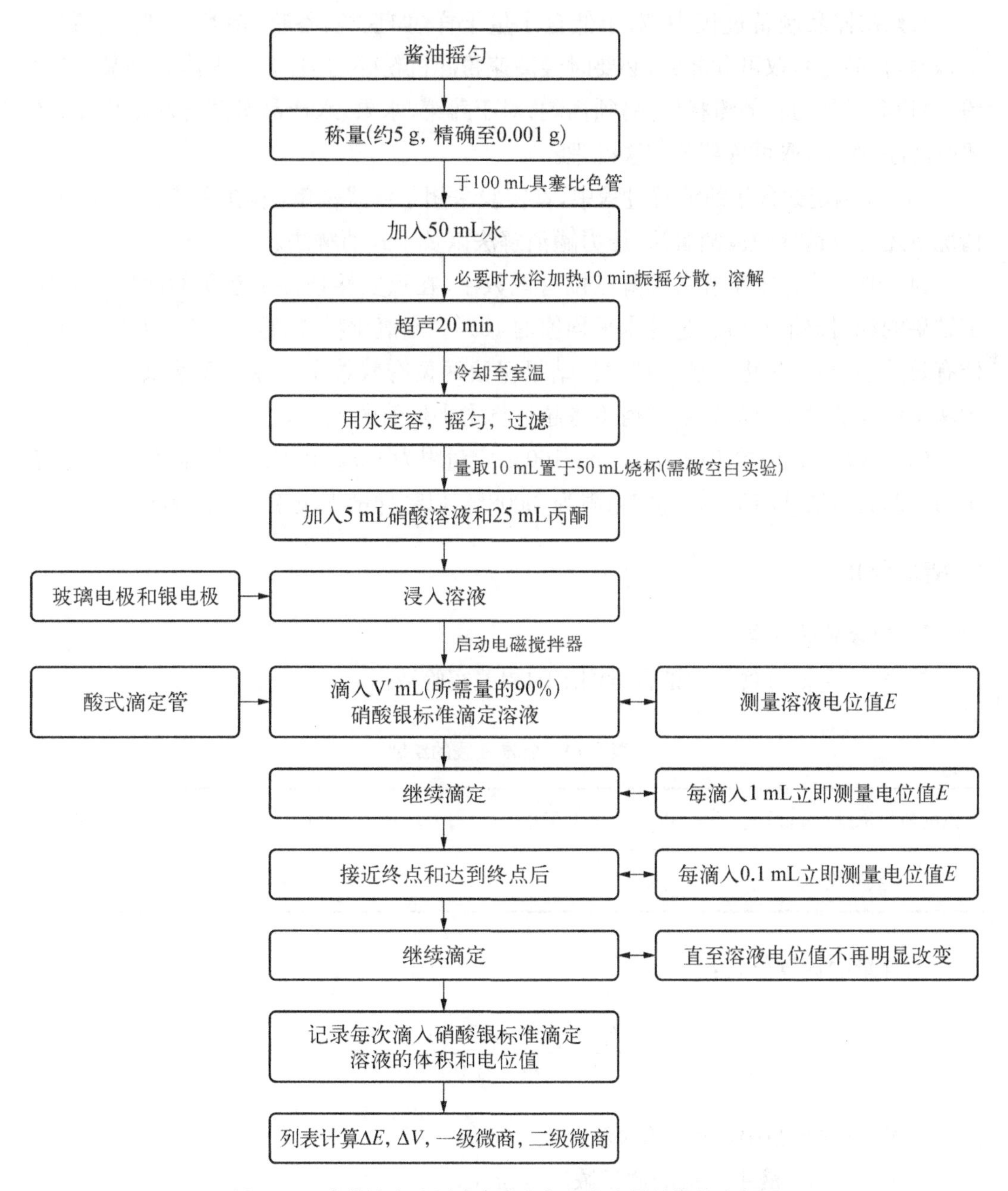

图 8-2　电位滴定法测定食品中氯化物含量的操作流程图

5. 注意事项

（1）本法适用于食品中钠和氯化物含量的测定。测定氯化物含量时，对于富含蛋白质的食品，需要加入亚铁氰化钾和乙酸锌溶液作为沉淀剂对样品进行处理。不清楚样品氯化物含量时，可通过预先滴定确定硝酸银标准溶液的大致消耗体积，在正式滴定时首先按照预测体积的90%加入硝酸银标准溶液。

(2) 在样品制备过程中，对于低含水量干样(如豆类、谷物、菌类、茶叶、干制水果、焙烤食品等)，取可食部分，必要时经高速粉碎机粉碎均匀；对于固体乳制品、蛋白粉、面粉等呈均匀状的粉状样品，须摇匀；对于蔬菜、水果、水产品等高含水量样品，必要时洗净，晾干，取可食部分匀浆处理。

(3) 在测定钠含量的消解过程中，本实验采用了湿式消解法，在实验条件允许的情况下还可以选择微波消解法、压力罐消解法以及干式消解法。

(4) 钠含量的计算结果保留三位有效数字，在重复性条件下获得的两次独立测定结果的绝对差值不得超过算术平均值的10%。当氯化物含量≥1%时，结果保留三位有效数字；当氯化物含量<1%时，结果保留两位有效数字。在重复性条件下获得的两次独立测试结果的绝对差值不得超过算术平均值的5%。

(5) 本方法钠的检出限为0.8 mg/100 g，定量限为3 mg/100 g(以称样量0.5 g、定容至25 mL计)；氯(以Cl^-计)的定量限为0.008%(以称样量10 g、定容至100 mL计)。

6. 结果分析

1) 钠含量的计算

按表8-1记录食品中钠含量测定的相关实验数据。

表8-1 标准曲线的绘制

钠的质量浓度/(mg/L)	0	0.500	1.00	2.00	3.00	4.00
吸光度						

钠含量的计算公式：

$$X=\frac{(\rho-\rho_0)\times V\times f\times 100}{m\times 1\,000}$$

式中 X——样品中钠元素的含量，mg/100 g；

ρ——测定液中元素的质量浓度，mg/L；

ρ_0——测定空白试液中元素的质量浓度，mg/L；

V——样液体积，mL；

m——样品的质量，g；

f——样液稀释倍数；

100，1 000——单位换算系数。

2) 氯化物的计算

(1) 硝酸银标准滴定溶液的标定。

按表 8-2 记录硝酸银标准滴定溶液标定的相关实验数据。

表 8-2　硝酸银标准滴定溶液的标定数据记录表

硝酸银标准滴定溶液消耗体积 V'/mL	电位值 E/mV	电位变化值 ΔE	硝酸银标准滴定溶液的体积增加值 ΔV	一级微商 ($\Delta E/\Delta V$)	二级微商（相邻一级微商之差）

滴定到终点的硝酸银标准滴定溶液的消耗体积按如下公式计算：

$$V_1 = V_a + \frac{a}{a-b} \times \Delta V$$

式中　V_1——滴定到终点时消耗硝酸银标准滴定溶液的体积，mL；

V_a——在 a 时消耗硝酸银标准滴定溶液的体积，mL；

a——二级微商为零前的二级微商值；

b——二级微商为零后的二级微商值；

ΔV——a 时与 b 时的硝酸银标准滴定溶液的体积差，mL。

硝酸银标准滴定溶液消耗体积的计算如表 8-3 所示。

表 8-3　硝酸银标准滴定溶液的消耗体积计算表[11]

硝酸银标准滴定溶液消耗体积 V'/mL	电位值 E/mV	电位变化值 ΔE	硝酸银溶液的体积增加值 ΔV	一级微商 ($\Delta E/\Delta V$)	二级微商（相邻一级微商之差）
0.00	400	—	—	—	—
4.00	470	70	4.00	18	—
4.50	490	20	0.50	40	22
4.60	500	10	0.10	100	60
4.70	515	15	0.10	150	50
4.80	535	20	0.10	200	50

续 表

硝酸银标准滴定溶液消耗体积 V'/mL	电位值 E/mV	电位变化值 ΔE	硝酸银溶液的体积增加值 ΔV	一级微商 ($\Delta E/\Delta V$)	二级微商（相邻一级微商之差）
4.90	620	85	0.10	850	650
5.00	670	50	0.10	500	−350
5.10	690	20	0.10	200	−300
5.20	700	10	0.10	100	−100

例如，从表中找出一级微商最大值为 850，则二级微商等于零时应在 650 与 −350 之间，所以 $a=650$，$b=-350$，$V_a=4.8$ mL，$\Delta V=0.10$ mL。滴定到终点时，硝酸银标准滴定溶液的消耗体积计算如下：

$$V_1=V_a+\frac{a}{a-b}\times\Delta V=4.8+\left[\frac{650}{650-(-350)}\times 0.1\right]=4.8+0.065\approx 4.87(\mathrm{mL})$$

硝酸钠标准滴定溶液的浓度按如下公式计算：

$$c=\frac{10\times c_1}{V_1}$$

式中　c——硝酸银标准滴定溶液的浓度，mol/L；

c_1——氯化钠基准溶液的浓度，mol/L；

V_1——滴定终点时消耗硝酸银标准滴定溶液的体积，mL。

(2) 样品中氯化物含量的计算。

按表 8-4 和表 8-5 记录食品中氯化物含量测定的相关实验数据。

表 8-4　食品中氯化物含量测定数据记录表(样品)

硝酸银标准滴定溶液消耗体积 V'/mL	电位值 E/mV	电位变化值 ΔE	硝酸银标准滴定溶液的体积增加值 ΔV	一级微商 ($\Delta E/\Delta V$)	二级微商（相邻一级微商之差）

表 8-5 食品中氯化物含量测定数据记录表(空白)

硝酸银标准滴定溶液消耗体积 V'/mL	电位值 E/mV	电位变化值 ΔE	硝酸银标准滴定溶液的体积增加值 ΔV	一级微商 ($\Delta E/\Delta V$)	二级微商 (相邻一级微商之差)

食品中氯化物含量的计算公式:

$$X_1 = \frac{0.035\,5 \times c \times (V_3 - V_0') \times V}{m \times V_2} \times 100\%$$

式中 X_1——样品中氯化物的含量(以 Cl^- 计);

0.035 5——与 1.00 mL 硝酸银标准滴定溶液[$c(AgNO_3)$=1.000 mol/L]相当的氯的质量,g;

c——硝酸银标准滴定溶液的浓度,mol/L;

V_0'——空白试剂所消耗的硝酸银标准滴定溶液的体积,mL;

V_2——用于滴定的滤液体积,mL;

V_3——测定样液时消耗的硝酸银标准滴定溶液的体积,mL;

V——样品定容体积,mL;

m——样品质量,g。

7. 思考讨论

(1) 测定钠含量时,加入氯化铯的目的是什么?

(2) 测定氯化物含量时,滴定前加入丙酮和硝酸溶液的目的是什么?

(3) 简述实验心得体会。

实验九

食品中饱和脂肪酸和反式脂肪酸含量的测定

1. 目的和意义

目的：掌握用气相色谱法测定食品中饱和脂肪酸和反式脂肪酸的含量。

意义：饱和脂肪酸是碳链中不含碳碳双键或其他不饱和键的脂肪酸，存在于所有食用油脂中，尤其在牛油、猪油、可可脂等中含量较高。多个国家和地区的膳食指南建议，饱和脂肪的摄入量应不超过膳食总能量的10%，因饱和脂肪过高可能会导致诸多心血管疾病。反式脂肪酸是指碳链中至少含有一个反式构型双键的不饱和脂肪酸。反式脂肪酸被认为与心血管疾病以及癌症的发病率存在关联，国际上已经在推行零反式脂肪膳食和食品生产。催化法制备的传统氢化植物油，因不可避免产生反式脂肪酸，已经或正在被全球性禁止。含不饱和脂肪酸的油脂和食品在煎炸等高温加工中，也会产生反式脂肪酸。多个国家和地区的食品营养标签都规定应标注反式脂肪和饱和脂肪的含量，因此，准确测定食品中的饱和脂肪酸和反式脂肪酸的含量，对了解居民摄入情况，指导食品加工、烹饪和膳食建议具有重要意义。

2. 实验依据

1) 饱和脂肪酸含量的测定——内标法[12]

原理：样品加入内标物，经水解-乙醚溶液提取其中的脂肪后，在碱性条件下皂化和甲酯化，生成脂肪酸甲酯，经毛细管柱气相色谱分析，用内标法定量测定脂肪酸甲酯含量。依据各种脂肪酸甲酯含量和转换系数，计算出样品中饱和脂肪酸的含量。对动植物油脂样品，可以不经脂肪提取，加入内标物后直接进行皂化和甲酯化。

2) 反式脂肪酸含量的测定——归一化法[13]

原理：食品样品中的脂肪经酸水解法提取后(动植物油脂样品可免去此操作)，在碱性条件下与甲醇反应生成脂肪酸甲酯，接着用气相色谱仪进行测定(配有强极性固定相毛细管色谱柱和氢火焰离子化检测器)，最后采用面积归一化法定量。

3. 材料与设备

1) 材料与试剂

材料：精炼大豆油，人造奶油，起酥油。

试剂：测饱和脂肪酸　甲醇(色谱纯)，十一碳酸甘油三酯($C_{36}H_{68}O_6$，CAS号为13552－80－2)的内标溶液(5.00 mg/mL，2.5 g十一碳酸甘油三酯，甲醇定容至500 mL，可冷藏保存1个月)，氢氧化钠甲醇溶液(2%，2 g氢氧化钠＋100 mL甲醇)，三氟化硼甲醇溶液(15%)，正庚烷(色谱纯)，饱和氯化钠溶液(360 g氯化钠＋1.0 L水)，无水硫酸钠，混合脂肪酸甲酯标准溶液(正庚烷定容标准品至10 mL，－10℃以下有效期3个月)，单个脂肪酸甲酯标准溶液(正庚烷定容标准品至10 mL，－10℃以下有效期3个月)。

对反式脂肪酸　异辛烷(色谱纯)，氢氧化钾-甲醇溶液(2 mol/L，13.2 g氢氧化钾，甲醇定容至100 mL)，硫酸氢钠，脂肪酸甲酯标准储备液[10 mg/mL，称取反式脂肪酸甲酯标准品各0.1 g，异辛烷定容至10 mL，在(－18±4)℃下保存]，脂肪酸甲酯混合标准中间液[0.4 mg/mL，吸取标准储备液各1 mL，异辛烷定容至25 mL，在(－18±4)℃下保存]，脂肪酸甲酯混合标准工作液(80 μg/mL，吸取标准中间液5 mL，用异辛烷定容至25 mL)。

2) 仪器与设备

测饱和脂肪酸：平底烧瓶(250 mL)，容量瓶(10 mL)，量筒(50 mL)，移液管(5 mL)，试管(25 mL)，一次性吸管，分析天平，回流冷凝器，恒温水浴锅，气相色谱仪(配氢火焰离子化检测器)，毛细管色谱柱(聚二氰丙基硅氧烷强极性固定相，100 m×0.25 mm×0.2 μm)。

测反式脂肪酸：具塞试管(10 mL)，容量瓶(10 mL，25 mL)，0.45 μm滤膜，涡旋振荡器，离心机，分析天平，气相色谱仪(配氢火焰离子化检测器)，毛细管气相色谱柱(聚二氰丙基硅氧烷，100 m×0.25 mm×0.2 μm)。

4. 实验步骤

1) 食品中饱和脂肪酸含量的测定

内标法测定食品中饱和脂肪酸含量的具体操作步骤如图9－1所示。

2) 食品中反式脂肪酸含量的测定

归一化法测定食品中反式脂肪酸含量的具体操作步骤如图9－2所示。

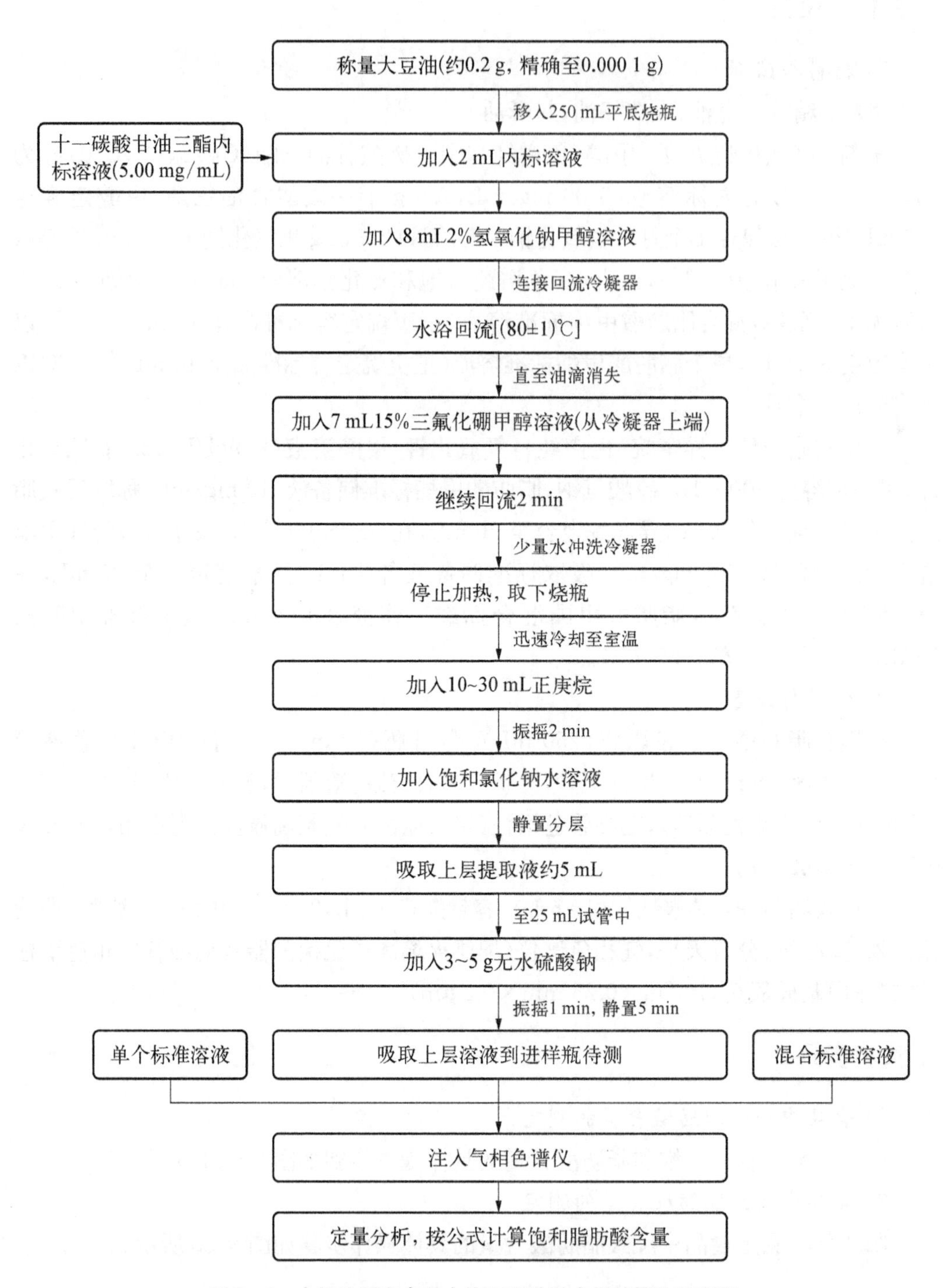

图 9－1　内标法测定食品中饱和脂肪酸含量的操作流程图

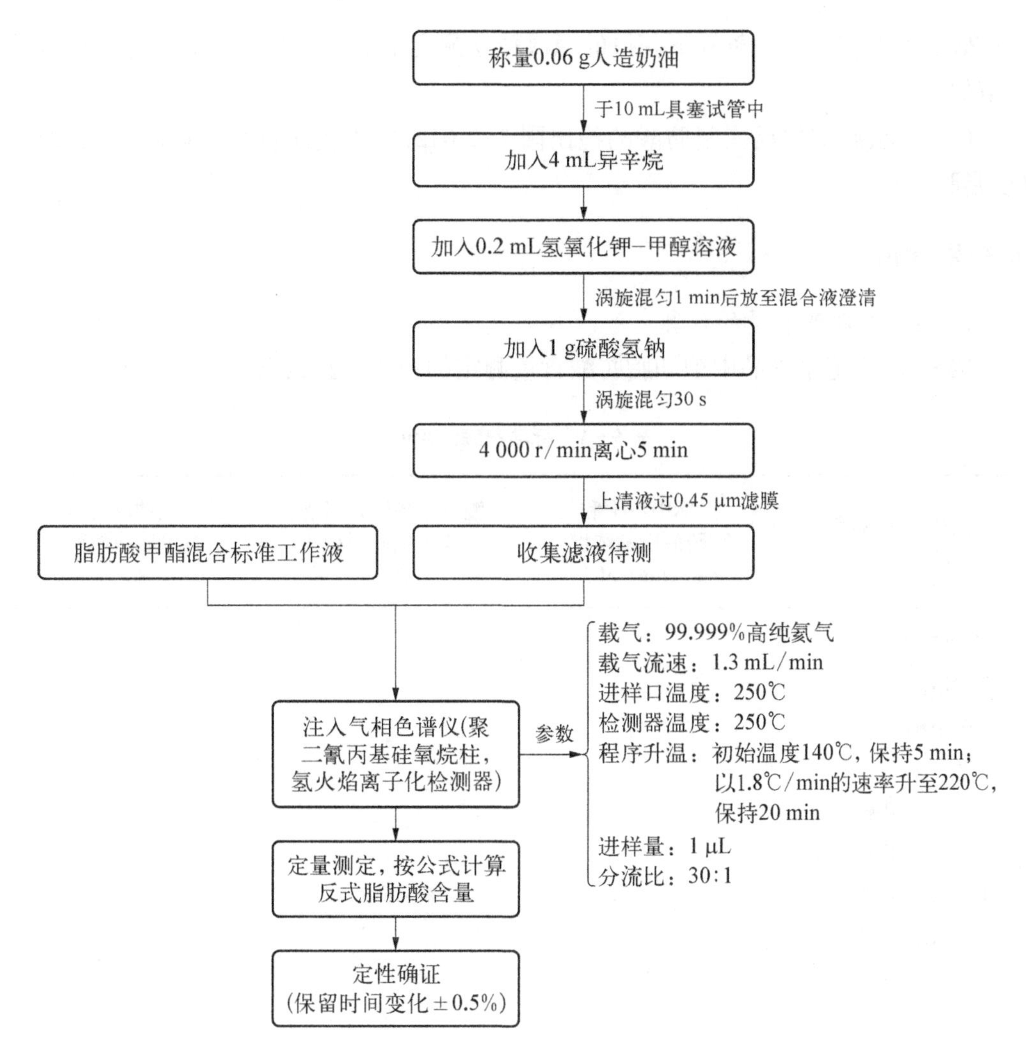

图 9－2　归一化法测定食品中反式脂肪酸含量的操作流程图

5. 注意事项

(1) 本法适用于食品中饱和脂肪(酸)、反式脂肪(酸)及其异构体的测定，不适合游离脂肪酸(free fat acid, FFA)含量大于 2%的样品的测定。

(2) 对于除动植物油脂外的含油脂食品，需经酸水解使脂肪游离(根据样品的类别选择水解方法)，再利用有机试剂将脂肪提取，根据食品中脂肪的含量进一步计算食品中饱和与反式脂肪酸的含量。

(3) 在测定饱和脂肪酸含量时，根据实际工作需要选择内标，对于组分不确定的样品，第一次检测时不应加内标物。观察在内标物峰位置处是否有干扰峰出现，如果存在，可依次选择十三碳酸甘油三酯、十九碳酸甘油三酯或二十三碳酸甘油三酯作为内标。

(4) 反式脂肪酸含量的计算结果以重复性条件下获得的两次独立测定结果的算术平均值表示，大于 1.0%的结果保留三位有效数字，小于或等于 1.0%的结果保留两位有效数字。在重复性条件下获得的两次独立测定结果的绝对差值不得超过算术平均值的15%。

(5) 本法测定的反式脂肪酸的检出限为0.012%(以脂肪计),定量限为0.024%(以脂肪计)。

6. 结果分析

1) 饱和脂肪酸含量的计算

按表9-1记录食品中饱和脂肪酸含量测定的相关实验数据。

表9-1 标准曲线的绘制

饱和脂肪酸甲酯标准品	混标中各饱和脂肪酸甲酯浓度 ρ_{Si}/(mg/mL)	混标中各饱和脂肪酸甲酯峰面积 A_{Si}	样品中饱和脂肪酸甲酯峰面积 A_i
丁酸甲酯			
己酸甲酯			
辛酸甲酯			
癸酸甲酯			
十一碳酸甲酯			
十二碳酸甲酯			
十三碳酸甲酯			
十四碳酸甲酯			
十五碳酸甲酯			
十六碳酸甲酯			
十七碳酸甲酯			
十八碳酸甲酯			
二十碳酸甲酯			
二十一碳酸甲酯			
二十二碳酸甲酯			
二十三碳酸甲酯			
二十四碳酸甲酯			

饱和脂肪酸甲酯 i 的响应因子 F_i 计算公式:

$$F_i = \frac{\rho_{Si} \times A_{11}}{A_{Si} \times \rho_{11}}$$

式中 F_i——饱和脂肪酸甲酯 i 的响应因子;

ρ_{Si}——混标中各饱和脂肪酸甲酯的浓度,mg/mL;

A_{11}——十一碳酸甲酯的峰面积；

A_{Si}——混标中饱和脂肪酸甲酯 i 的峰面积；

ρ_{11}——混标中十一碳酸甲酯的浓度，mg/mL。

样品中单个饱和脂肪酸甲酯含量的计算公式：

$$X_i = F_i \times \frac{A_i}{A_{C11}} \times \frac{\rho_{C11} \times V_{C11} \times 1.006\,7}{m} \times 100$$

式中　X_i——样品中饱和脂肪酸甲酯 i 的含量，g/100 g；

F_i——饱和脂肪酸甲酯 i 的响应因子；

A_i——样品中饱和脂肪酸甲酯 i 的峰面积；

A_{C11}——样品中加入的内标物十一碳酸甲酯的峰面积；

ρ_{C11}——十一碳酸甘油三酯的浓度，mg/mL。

V_{C11}——样品中加入的十一碳酸甘油三酯的体积，mL；

m ——样品的质量，mg；

1.006 7 ——十一碳酸甘油三酯转化成十一碳酸甲酯的转换系数；

100 ——单位换算系数。

样品中饱和脂肪酸含量的计算公式：

$$X_{SF} = \sum X_{SFAi}$$

$$X_{SFAi} = X_{FAMEi} \times F_{FAMEi\text{-}FAi}$$

式中　X_{SF}——饱和脂肪酸的含量，g/100 g；

X_{SFAi}——单饱和脂肪酸的含量，g/100 g；

X_{FAMEi}——单饱和脂肪酸甲酯的含量，g/100 g；

$F_{FAMEi\text{-}FAi}$——脂肪酸甲酯转化成脂肪酸的系数，可查阅《食品安全国家标准　食品中脂肪酸的测定》(GB 5009.168—2016)附录 D。

2) 反式脂肪酸含量的计算

按表 9 - 2 记录食品中反式脂肪酸含量测定的相关实验数据。

表 9 - 2　反式脂肪酸含量测定的数据记录表

脂肪酸甲酯名 X	峰面积 A_X	校准因子 f_X	所有峰校准面积的总和	相对质量分数 w_X/%
总反式脂肪酸	—	—	—	—

各反式脂肪酸甲酯 X 的相对质量分数计算公式：

$$w_X = \frac{A_X \times f_X}{A_t} \times 100\%$$

式中　w_X——归一化法计算的反式脂肪酸组分 X 脂肪酸甲酯的相对质量分数；

A_X——组分 X 脂肪酸甲酯的峰面积；

f_X——组分 X 脂肪酸甲酯的校准因子，可查阅《食品安全国家标准　食品中反式脂肪酸的测定》(GB 5009.257—2016)表 D.1；

A_t——所有峰校准面积的总和，除去溶剂峰。

脂肪中反式脂肪酸的质量分数计算公式：

$$w_t = \sum w_X$$

式中　w_t——脂肪中反式脂肪酸的质量分数；

w_X——归一化法计算的组分 X 脂肪酸甲酯的相对质量分数。

7. 思考讨论

(1) 是否可以同时测定食品中饱和脂肪酸和反式脂肪酸的含量?

(2) 在对脂肪酸定量时，归一化法和内标法各自的优势与局限有哪些?

(3) 简述实验心得体会。

第二篇

食品特定营养与安全指标的测定

实验十

食品中维生素含量的测定

一、食品中维生素 C 含量的测定

1. 目的和意义

目的：掌握用 2,6-二氯靛酚滴定法测定食品中维生素 C 的含量。

意义：维生素 C 又称为抗坏血酸，不仅能防治坏血病，而且具有抗氧化等健康功能。固态的维生素 C 性质相对稳定，溶液中的维生素 C 性质不稳定，在有氧、光照、加热、碱性物质、氧化酶以及痕量铜和铁存在时易被氧化破坏。通过测定食品中维生素 C 的含量，既可以评估食品的营养价值，又可以判断维生素 C 在食品加工和储存过程中的损失。

2. 实验依据——2,6-二氯靛酚滴定法[14]

原理：维生素 C 可将蓝色的碱性染料 2,6-二氯靛酚还原为无色，用染料滴定含维生素 C 的样品到达终点时，过量的未被还原的染料在酸性溶液中呈粉红色。染料的滴定度可以通过标准维生素 C 溶液标定，因此，含维生素 C 的食品样品能够用 2,6-二氯靛酚滴定，滴定的体积用来计算维生素 C 的含量。反应式如下：

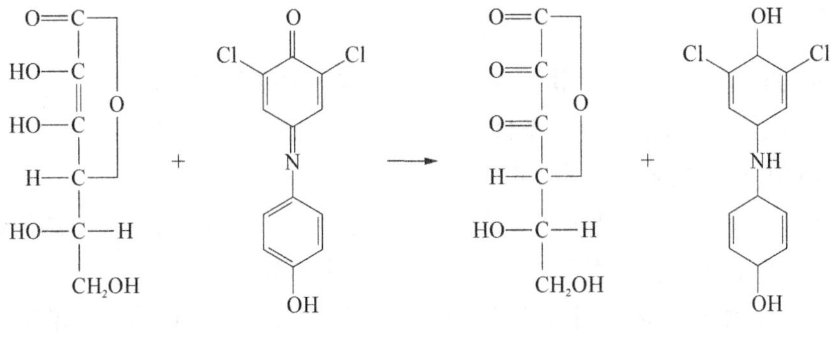

3. 材料与设备

1）材料与试剂

材料：苹果，柠檬，猕猴桃。

试剂：碳酸氢钠，白陶土，草酸溶液(20 g/L)，L(+)-抗坏血酸标准溶液[1.000 mg/mL，称取 0.100 0 g 纯度超过 99%的 L(+)-抗坏血酸标准品，用草酸溶液定容至 100 mL]，2,6-二氯靛酚溶液(0.052 g 碳酸氢钠+200 mL 热蒸馏水+0.050 g 2,6-二氯靛酚，用水定容至 250 mL，于 4～8℃下储存在棕色瓶中)。

标定方法：准确吸取 1 mL 抗坏血酸标准溶液于 50 mL 锥形瓶中，加入 10 mL 草酸溶液，摇匀，用 2,6-二氯靛酚溶液滴定至粉红色，保持 15 s 不褪色为止。同时另取 10 mL 草酸溶液做空白试验。2,6-二氯靛酚溶液的滴定度计算公式：

$$T=\frac{c\times V}{V_1-V_0}$$

式中 T —— 2,6-二氯靛酚溶液的滴定度，即每毫升 2,6-二氯靛酚溶液相当于抗坏血酸的毫克数，mg/mL；

c ——抗坏血酸标准溶液的质量浓度，mg/mL；

V ——吸取抗坏血酸标准溶液的体积，mL；

V_1——滴定抗坏血酸标准溶液所消耗 2,6-二氯靛酚溶液的体积，mL；

V_0——滴定空白所消耗 2,6-二氯靛酚溶液的体积，mL。

2) 仪器与设备

烧杯(100 mL)，容量瓶(100 mL，250 mL，1 000 mL)，锥形瓶(50 mL)，移液管(10 mL)，洗耳球，碱式滴定管，分析天平。

4. 实验步骤

2,6-二氯靛酚滴定法测定食品中维生素 C 含量的具体操作步骤如图 10-1 所示。

5. 注意事项

(1) 本方法适用于果蔬及其制品中 L(+)-抗坏血酸的测定。

(2) 整个检测过程应在避光条件下进行，操作要迅速，样品采取后，应浸泡在 2% 的草酸溶液中，这些措施都是为了防止维生素 C 的氧化。

(3) 滴定开始时，要迅速加入 2,6-二氯靛酚溶液，直至红色不立即消失，而后逐滴加入，并不断摇动锥形瓶直至终点，整个滴定过程不超过 2 min。

(4) 2,6-二氯靛酚溶液可存于冰箱中，但需定期标定以保证溶液的准确性。

(5) 计算结果以重复性条件下获得的两次独立测定结果的算术平均值表示，结果保留三位有效数字。在重复性条件下获得的两次独立测定结果的绝对差值，在 L(+)-抗坏血酸含量大于 20 mg/100 g 时，不得超过算术平均值的 2%；在L(+)-抗坏血酸含量小于或等于 20 mg/100 g 时，不得超过算术平均值的 5%。

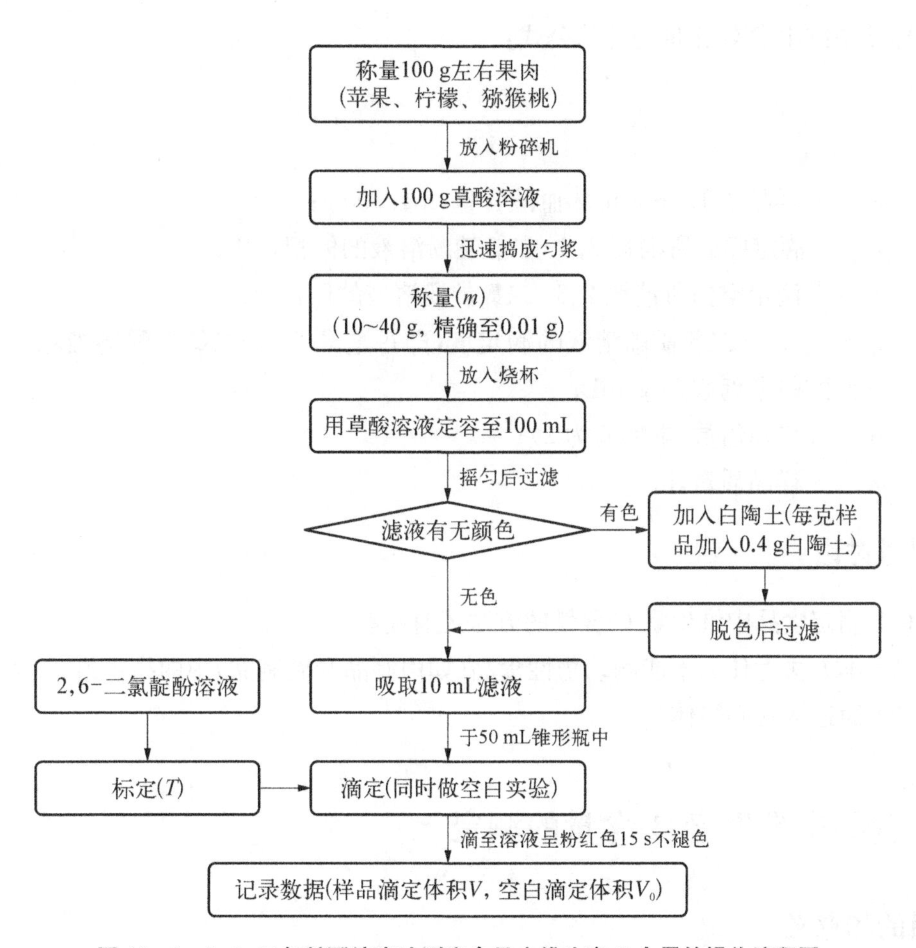

图 10-1 2,6-二氯靛酚滴定法测定食品中维生素 C 含量的操作流程图

6. 结果分析

按表 10-1 记录食品中维生素 C 含量测定的相关实验数据。

表 10-1 食品中维生素 C 含量测定的数据记录表

实验序号		滴定起点/mL	滴定终点/mL	滴定体积/mL
空白	1			
	2			
	3			
样品	1			
	2			
	3			

样品中维生素C含量的计算公式：

$$X=\frac{(V-V_0)\times T\times A}{m}\times 100$$

式中　X ——样品中L(+)-抗坏血酸含量，mg/100 g；

V ——滴定样品所消耗2,6-二氯靛酚溶液的体积，mL；

V_0——滴定空白所消耗2,6-二氯靛酚溶液的体积，mL；

T —— 2,6-二氯靛酚溶液的滴定度，即每毫升2,6-二氯靛酚溶液相当于抗坏血酸的毫克数，mg/mL；

A ——稀释倍数(本实验为2)；

m ——样品质量，g。

7. 思考讨论

(1) 测定食品中维生素C含量的方法还有哪些？

(2) 本方法为什么不能测动物性食品(如肉制品和乳制品)中的维生素C含量？

(3) 简述实验心得体会。

二、食品中维生素B_2含量的测定

1. 目的和意义

目的： 掌握用高效液相色谱(HPLC)法测定食品中维生素B_2的含量。

意义： 维生素B_2又称核黄素，在酸性和中性溶液中对热稳定，在碱性溶液中则很容易被破坏。食物中的核黄素通常为结合型，对光较稳定，但是游离核黄素对光敏感。测定食品中维生素B_2的含量可以评估食品的营养价值。

2. 实验依据——高效液相色谱法[15]

原理： 样品在稀盐酸环境中恒温水解后，水解液调pH至6.0～6.5，再用木瓜蛋白酶和高峰淀粉酶酶解，定容过滤后，滤液经高效液相反相色谱柱分离、荧光检测器检测，通过外标法定量。

3. 材料与设备

1) 材料与试剂

材料： 猪肝，紫菜，菠菜。

试剂： 冰乙酸，甲醇(色谱纯)，盐酸溶液(0.1 mol/L，吸取9 mL盐酸，用水定容至

1 000 mL)，盐酸溶液(1∶1，100 mL 盐酸缓慢倒入 100 mL 水中)，氢氧化钠溶液(1 mol/L，4 g 氢氧化钠＋90 mL 水，冷却后定容至 100 mL)，乙酸钠溶液(0.05 mol/L，6.80 g 三水乙酸钠＋900 mL 水，用冰乙酸调节 pH 至 4.0～5.0，用水定容至 1 000 mL)，混合酶溶液(2.345 g 木瓜蛋白酶＋1.175 g 高峰淀粉酶，用水定容至 50 mL，临用前配制)，维生素 B_2 标准储备液[100 μg/mL，将维生素 B_2 标准品置于真空干燥器或装有五氧化二磷的干燥器中干燥 24 h，准确称取 0.010 0 g，加入 2 mL 盐酸溶液(1∶1)，超声溶解，用水定容至 100 mL，于 4℃下储存在棕色瓶中，保存期 2 个月，浓度校准参考《食品安全国家标准　食品中维生素 B_2 的测定》(GB 5009.85—2016)]，维生素 B_2 标准中间液(2.00 μg/mL，吸取 2.00 mL 维生素 B_2 标准储备液，用水定容至 100 mL，临用前配制)，维生素 B_2 标准系列工作液(分别吸取 0.25 mL、0.50 mL、1.00 mL、2.50 mL、5.00 mL 维生素 B_2 标准中间液，用水定容至 10 mL，临用前配制)，滤纸，0.45 μm 水相膜。

2) 仪器与设备

具塞锥形瓶(100 mL)，量筒(100 mL)，容量瓶(10 mL，100 mL，1 000 mL)，移液管(10 mL)，棕色磨口瓶，组织捣碎机，高压灭菌锅，恒温水浴锅，高效液相色谱仪(带荧光检测器)，C_{18} 色谱柱(150 mm×4.6 mm×5 μm)，分析天平，pH 计(精度 0.01)，干燥器。

4. 实验步骤

高效液相色谱法测定食品中维生素 B_2 含量的具体操作步骤如图 10－2 所示。

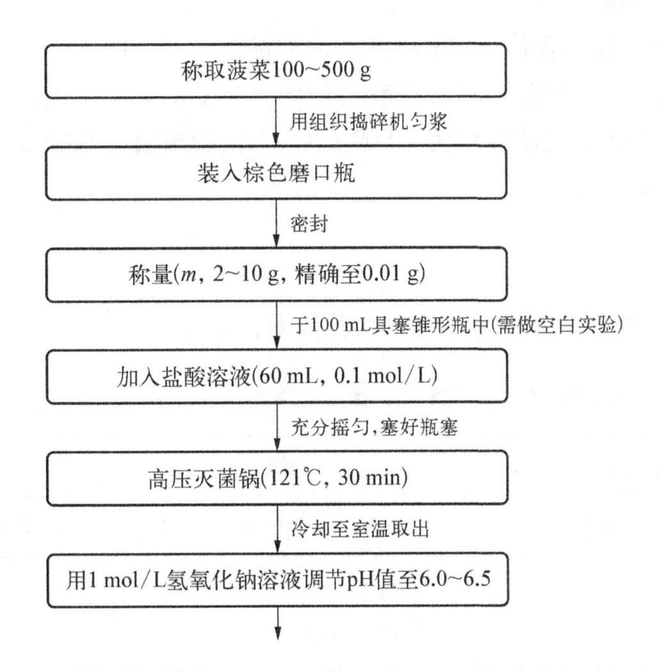

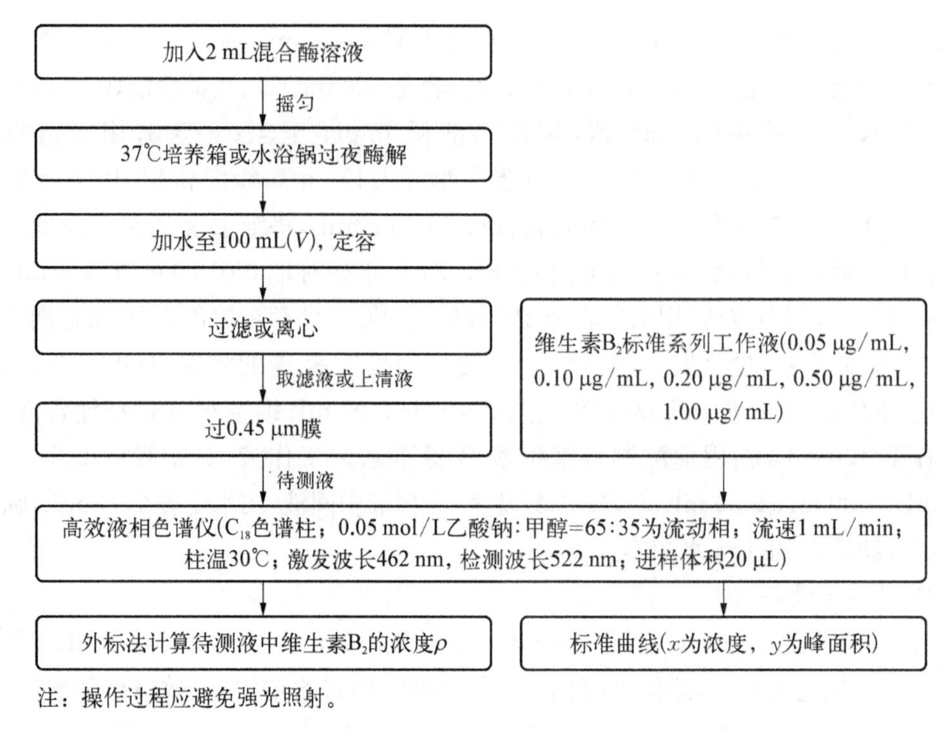

图 10-2 高效液相色谱法测定食品中维生素 B_2 含量的操作流程图

5. 注意事项

(1) 本方法简便、快速，适用于各类食品中维生素 B_2 的测定。

(2) 操作过程应避免强光照射。

(3) 空白试验溶液色谱图中应不含待测组分峰或其他干扰峰。

(4) 结果保留三位有效数字，在重复性条件下获得的两次独立测定结果的绝对差值不得超过算术平均值的 10%。当取样量为 10.00 g 时，方法检出限为 0.02 mg/100 g，定量限为 0.05 mg/100 g。

6. 结果分析

按表 10-2 记录食品维生素 B_2 含量测定的相关实验数据。

表 10-2 食品维生素 B_2 含量测定的数据记录表

标准溶液	标准系列浓度/(μg/mL)					样品				
	0.05	0.10	0.20	0.50	1.00		1	2	3	均值
峰面积						样品峰面积				
标准曲线						测定值/(μg/mL)				

样品中维生素 B_2 含量(以核黄素计)的计算公式:

$$X = \frac{\rho \times V}{m} \times \frac{100}{1\,000}$$

式中　X ——样品中维生素 B_2 的含量,mg/100 g;
ρ ——根据标准曲线计算得到的样品中维生素 B_2 的浓度,μg/mL;
V ——样品溶液的最终定容体积,mL;
m ——样品质量,g;
100 ——单位换算系数;
1 000 ——将浓度单位 μg/mL 换算为 mg/mL 的换算系数。

7. 思考讨论

(1) 还有哪些测定食品中维生素 B_2 的方法?
(2) 简要分析准确测定维生素 B_2 的影响因素。
(3) 简述实验心得体会。

三、食品中维生素 E 含量的测定

1. 目的和意义

目的: 掌握用反相高效液相色谱法测定食品中维生素 E 的含量。

意义: 维生素 E 是生育酚和生育三烯酚的总称,目前已经确认的有 8 种异构体:α-生育酚、β-生育酚、γ-生育酚、δ-生育酚、α-生育三烯酚、β-生育三烯酚、γ-生育三烯酚和 δ-生育三烯酚。维生素 E 为黄色油状液体,具备抗氧化功能,在食用植物油脂中含量较丰富。维生素 E 的含量不仅可以用来评估食品的氧化稳定性,还可以作为食品、营养强化剂乃至药品功效的重要依据。

2. 实验依据——反相高效液相色谱法[16]

原理: 食品样品中的维生素 E 经皂化(如果含淀粉,则先用淀粉酶酶解)、提取、净化、浓缩后,采用 C_{30} 或 PFP(五氟苯基)反相液相色谱柱分离,紫外检测器或荧光检测器检测,外标法定量。

3. 材料与设备

1) 材料与试剂

材料: 大豆油。

试剂：无水乙醇，抗坏血酸，无水硫酸钠，pH 试纸，甲醇（色谱纯），2,6－二叔丁基对甲酚（BHT），氢氧化钾溶液（质量浓度为 50%），石油醚－乙醚溶液（200 mL+200 mL），维生素 E 标准储备溶液[1.00 mg/mL，分别称取 α－生育酚、β－生育酚、γ－生育酚和 δ－生育酚各 0.050 g，无水乙醇溶解后，定容至 50 mL，－20℃下储存在棕色试剂瓶中，有效期 6 个月，临用前回温至 20℃，并参考《食品安全国家标准　食品中维生素 A、D、E 的测定》（GB 5009.82—2016）进行浓度校正]，维生素 E 标准溶液中间液（100 μg/mL，吸取维生素 E 标准储备溶液 5.00 mL 于同一 50 mL 容量瓶，甲醇定容，－20℃下避光保存，有效期半个月），维生素 E 标准系列工作溶液（分别吸取维生素 E 标准溶液中间液 0.20 mL、0.50 mL、1.00 mL、2.00 mL、4.00 mL、6.00 mL，用甲醇定容至 10 mL 棕色容量瓶，所得浓度分别为 2.00 μg/mL、5.00 μg/mL、10.0 μg/mL、20.0 μg/mL、40.0 μg/mL、60.0 μg/mL，临用前配制），滤纸，有机系过滤头（0.22 μm）。

2）仪器与设备

量筒（50 mL，250 mL），棕色容量瓶（10 mL，50 mL），平底烧瓶（150 mL），分液漏斗（250 mL），旋转蒸发瓶（250 mL），棕色试剂瓶（100 mL），棕色进样瓶（2 mL），分析天平，恒温水浴振荡器，旋转蒸发仪，氮吹仪，分液漏斗萃取净化振荡器，高效液相色谱仪（带紫外检测器或荧光检测器），C_{30} 色谱柱（250 mm×4.6 mm×3 μm）。

4. 实验步骤

反相高效液相色谱法测定食品中维生素 E 含量的具体操作步骤如图 10－3 所示，其中反相高效液相色谱法洗脱梯度条件参考表 10－3。

表 10－3　C_{30} 色谱柱－反相高效液相色谱法洗脱梯度参考条件[16]

时间/min	流动相 A（水）/%（体积分数）	流动相 B（甲醇）/%（体积分数）	流速/（mL/min）
0.00	4	96	0.8
13.0	4	96	0.8
20.0	0	100	0.8
24.0	0	100	0.8
24.5	4	96	0.8
30.0	4	96	0.8

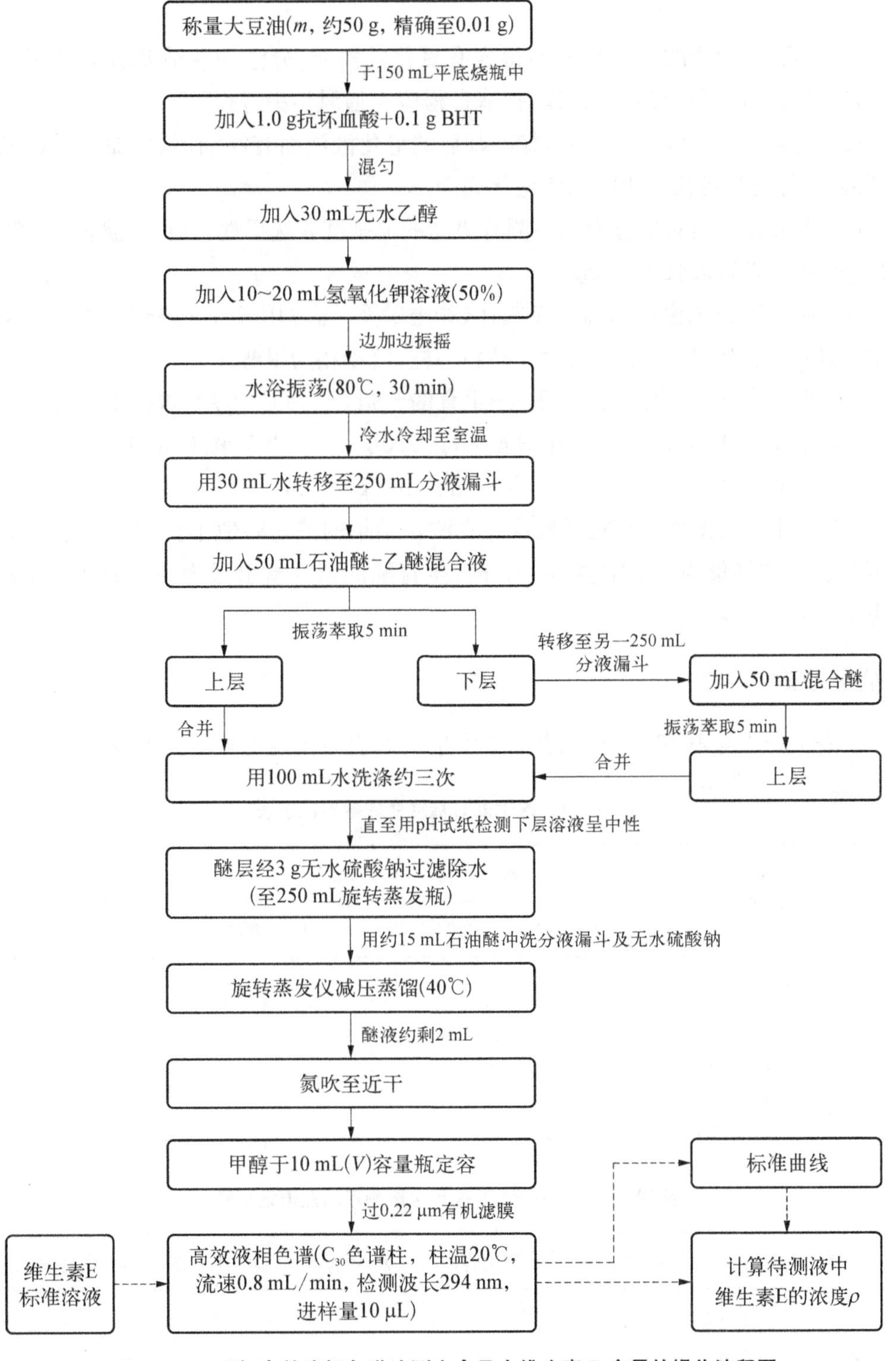

图 10-3 反相高效液相色谱法测定食品中维生素 E 含量的操作流程图

5. 注意事项

(1) 实验中使用的所有器皿不得含有氧化性物质,分液漏斗活塞玻璃表面不得涂油,处理过程应尽可能避光操作,提取过程应在通风柜中进行。

(2) 皂化时间一般为 30 min,如冷却后的皂化液液面有浮油,须再加入适量氢氧化钾溶液,并适当延长皂化时间使皂化完全。

(3) 荧光检测器对生育酚的检测有更高的灵敏度和选择性,其检测波长为:激发波长 294 nm,发射波长 328 nm。

(4) 如难以将色谱柱的温度控制在(20±2)℃,可改用 PFP 柱分离异构体;如样品中只含或只需定量 α-生育酚,可选用 C_{18}柱,流动相为甲醇。

(5) 维生素 E 的测定结果若用 α-生育酚当量(α-TE)表示,可按下式计算:维生素 E(mg α-TE/100 g)=α-生育酚(mg/100 g)+β-生育酚(mg/100 g)×0.5+γ-生育酚(mg/100 g)×0.1+δ-生育酚(mg/100 g)×0.01。

(6) 在重复性条件下获得的两次独立测定结果的绝对差值不得超过算术平均值的 10%。当取样量为 5 g,定容 10 mL 时,生育酚的紫外检出限为 40 μg/100 g,定量限为 120 μg/100 g。

6. 结果分析

按表 10-4 与表 10-5 记录食品中维生素 E 含量测定的相关实验数据。

表 10-4 维生素 E 标准曲线数据记录表

标准溶液	标准系列浓度/(μg/mL)						标准曲线
	2.00	5.00	10.0	20.0	40.0	60.0	
α-生育酚峰面积							
β-生育酚峰面积							
γ-生育酚峰面积							
δ-生育酚峰面积							

表 10-5 食品中维生素 E 含量测定的数据记录表

样品		α-生育酚	β-生育酚	γ-生育酚	δ-生育酚	α-生育酚当量
峰面积	1					—
	2					—
	3					—

续　表

样　品		α-生育酚	β-生育酚	γ-生育酚	δ-生育酚	α-生育酚当量
浓度/(μg/mL)	1					
	2					
	3					
	均值					

样品中维生素 E 含量计算公式：

$$X = \frac{\rho \times V \times f \times 100}{m}$$

式中　X ——样品中维生素 E 的含量，mg/100 g；

ρ ——根据标准曲线计算得到的样品中维生素 E 的浓度，μg/mL；

V ——定容体积，mL；

f ——换算因子，0.001；

100 ——单位换算系数；

m ——样品的质量，g。

7. 思考讨论

(1) 还有哪些测定食品中维生素 E 含量的方法？比较与本方法的异同。

(2) 简要讨论维生素 E 与生育酚、生育三烯酚的联系和区别。

(3) 简述实验心得体会。

四、食品中维生素 D 含量的测定

1. 目的和意义

目的：掌握用高效液相色谱-串联质谱法测定食品中维生素 D 的含量。

意义：维生素 D 是类固醇的衍生物，与人体钙、磷代谢有关，可以预防佝偻病。维生素 D 以维生素 D_2(麦角钙化醇)及维生素 D_3(胆钙化醇)最为常见。维生素 D_2 是由酵母菌或麦角中的麦角固醇经日光或紫外光照射后的产物，并且能被人体吸收。维生素 D_3 多存在于某些动物性食品中，在鱼肝油和鸡蛋黄中含量较多，它还可以由储存于皮下的 7-脱氢胆固醇在紫外光照射下转变而成。测定食品中的维生素 D 含量，既可以评估食品的质量与功能，又可以监测特定食品(如婴幼儿配方奶粉)中维生素 D 含量是否达标，包括储存和销售过程中的损失。

2. 实验依据——高效液相色谱-串联质谱法[16]

原理：食品样品中加入维生素 D_2 和 D_3 的同位素内标后，先经氢氧化钾的乙醇溶液皂化（如果含淀粉，则先用淀粉酶酶解）、提取，然后用硅胶固相萃取柱净化、浓缩，最后采用反相高效液相色谱 C_{18} 柱分离、串联质谱法检测、内标法定量。

3. 材料与设备

1）材料与试剂

材料：鸡蛋黄，婴幼儿奶粉。

试剂：无水乙醇（色谱纯），抗坏血酸，乙酸乙酯（色谱纯），正己烷（色谱纯），无水硫酸钠，甲醇（色谱纯），甲酸（色谱纯），甲酸铵（色谱纯），氢氧化钾水溶液（质量浓度为50%），乙酸乙酯-正己烷溶液（5 mL＋95 mL），乙酸乙酯-正己烷溶液（15 mL＋85 mL），0.05%甲酸-5 mmol/L 甲酸铵溶液（0.315 g 甲酸铵＋0.5 mL 甲酸＋1 000 mL 水，超声混匀），0.05%甲酸-5 mmol/L 甲酸铵甲醇溶液（0.315 g 甲酸铵＋0.5 mL 甲酸＋1 000 mL 甲醇，超声混匀），维生素 D_2-d_3 内标溶液（100 μg/mL），维生素 D_3-d_3 内标溶液（100 μg/mL），维生素 D_2、维生素 D_3 标准储备溶液[100 μg/mL，分别称取0.010 0 g维生素 D_2、维生素 D_3 标准品，分别用无水乙醇定容至 100 mL，于－20℃下储存在棕色试剂瓶中，有效期 3 个月，临用前用紫外分光光度法参考《食品安全国家标准　食品中维生素 A、D、E 的测定》(GB 5009.82—2016)校正浓度]，维生素 D_2、维生素 D_3 标准中间使用液[10 μg/mL，分别吸取 10 mL 维生素 D_2、维生素 D_3 标准储备溶液，分别用流动相（初始配比）定容至 100 mL，于－20℃下储存在棕色试剂瓶中，有效期 1 个月]，维生素 D_2 和维生素 D_3 混合标准使用液[1.00 μg/mL，分别吸取 10 mL 维生素 D_2 和维生素 D_3 标准中间使用液，用流动相（初始配比）定容至同一 100 mL 容量瓶]，维生素 D_2-d_3 和维生素 D_3-d_3 内标混合溶液（1.00 μg/mL，分别吸取 100 μL 维生素 D_2-d_3 和维生素 D_3-d_3 内标溶液，用甲醇定容至 10 mL 棕色容量瓶），标准系列溶液（分别吸取维生素 D_2 和维生素 D_3 混合标准使用液 0.10 mL、0.20 mL、0.50 mL、1.00 mL、1.50 mL、2.00 mL，各加入 1.00 mL 维生素 D_2-d_3 和维生素 D_3-d_3 内标混合溶液，用甲醇定容至 10 mL 棕色容量瓶，所得浓度分别为 10.0 μg/L、20.0 μg/L、50.0 μg/L、100 μg/L、150 μg/L、200 μg/L），pH 试纸，硅胶固相萃取柱（6 mL，500 mg），一次性吸管，0.22 μm 有机系滤膜。

2）仪器与设备

量筒（10 mL，100 mL，1 000 mL），棕色容量瓶（10 mL，100 mL），移液管（1 mL，5 mL，10 mL），具塞离心管（50 mL），棕色试剂瓶（150 mL），棕色进样瓶（2 mL），分析天平，均质机，恒温水浴振荡器，涡旋振荡器，高速冷冻离心机（转速≥6 000 r/min），氮吹仪，高效液相色谱-串联质谱仪（带电喷雾离子源），C_{18} 色谱柱（100 mm×

2.1 mm×1.8 μm)。

4. 实验步骤

高效液相色谱-串联质谱法测定食品中维生素 D 含量的具体操作步骤如图 10-4 所示,其中 HPLC 流动相洗脱梯度参照表 10-6,质谱分析条件参照表 10-7。

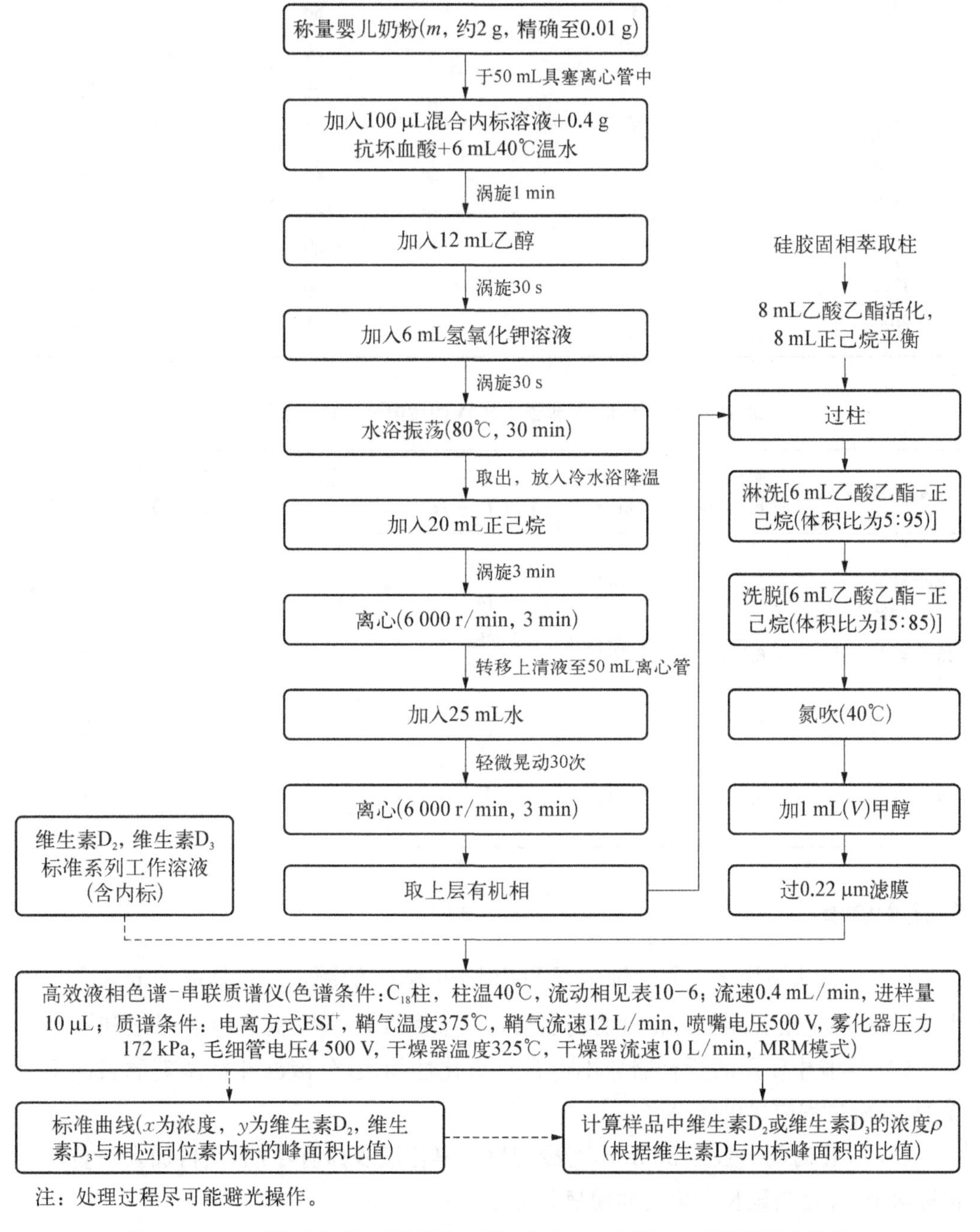

图 10-4 高效液相色谱-串联质谱法测定食品中维生素 D 含量的操作流程图

表 10-6　维生素 D_2 和维生素 D_3 的 HPLC 流动相洗脱梯度[16]

时间/min	流动相 A (0.05%甲酸-5 mmol/L 甲酸铵溶液)/%(体积分数)	流动相 B (0.05%甲酸-5 mmol/L 甲酸铵甲醇溶液)/%(体积分数)	流速/(mL/min)
0.0	12	88	0.4
1.0	12	88	0.4
4.0	10	90	0.4
5.0	7	93	0.4
5.1	6	94	0.4
5.8	6	94	0.4
6.0	0	100	0.4
17.0	0	100	0.4
17.5	12	88	0.4
20.0	12	88	0.4

表 10-7　维生素 D_2 和维生素 D_3 的质谱分析参考条件[16]

维生素 D	保留时间/min	母离子 (m/z)	定性子离子 (m/z)	碰撞电压/eV	定量子离子 (m/z)	碰撞电压/eV
维生素 D_2	6.04	397	379 147	5 25	107	29
维生素 D_2-d_3	6.03	400	382 271	4 6	110	22
维生素 D_3	6.33	385	367 259	7 8	107	25
维生素 D_3-d_3	6.33	388	370 259	3 6	107	19

5. 注意事项

(1) 本方法适用于食品中维生素 D_2 和维生素 D_3 的测定。若样品中同时含有维生素 D_2 和维生素 D_3，维生素 D 的测定结果以维生素 D_2 和维生素 D_3 含量之和计算。

(2) 实验中使用的所有器皿不得含有氧化性物质；分液漏斗活塞玻璃表面不得涂油；分析过程应尽可能避光。

(3) 皂化时间一般为 30 min，若冷却后的皂化液表面有浮油，须再加入适量氢氧化钾溶液，并适当延长皂化时间使皂化完全。

(4) 在重复性条件下获得的两次独立测定结果的绝对差值不得超过算术平均值

的 15%。当取样量为 2 g 时，维生素 D_2 的检出限为 1 μg/100 g，定量限为 3 μg/100 g；维生素 D_3 的检出限为 0.2 μg/100 g，定量限为 0.6 μg/100 g。

6. 结果分析

按表 10－8 与表 10－9 记录食品中维生素 D 含量测定的相关实验数据。

表 10－8　食品中维生素 D 标准曲线数据记录表

测定参数	混合标准系列浓度/(μg/L)					
	10.0	20.0	50.0	100	150	200
维生素 D_2 峰面积						
维生素 D_2－d_3 峰面积						
峰面积之比(D_2/D_2－d_3)						
维生素 D_2 标准曲线						
维生素 D_3 峰面积						
维生素 D_3－d_3 峰面积						
峰面积之比(D_3/D_3－d_3)						
维生素 D_3 标准曲线						

表 10－9　食品中维生素 D 含量测定的数据记录表

维生素 D	峰面积	维生素 D 与相应内标物峰面积之比	样品中浓度/(μg/mL)
维生素 D_2			
维生素 D_2－d_3		—	—
维生素 D_3			
维生素 D_3－d_3		—	—

样品中维生素 D_2、维生素 D_3 的含量计算公式：

$$X=\frac{\rho \times V \times f \times 100}{m}$$

式中　X ——样品中维生素 D_2(或维生素 D_3)的含量，μg/100 g；

ρ ——根据标准曲线计算得到的样品中维生素 D_2(或维生素 D_3)的浓度，μg/mL；

V ——定容体积，mL；

f ——稀释倍数(本实验为 1)；

100 ——单位换算系数；

m ——样品的质量，g。

7. 思考讨论

（1）还有哪些测定食品中维生素D含量的方法？比较与本方法的异同。

（2）简要讨论维生素D在储存过程中的降解或损失分析方法。

（3）简述实验心得体会。

实验十一

食品中典型添加剂含量的测定

一、食品中亚硝酸盐和硝酸盐含量的测定

1. 目的和意义

目的：掌握用盐酸萘乙二胺法检测食品中亚硝酸盐的含量；掌握用镉柱还原法结合盐酸萘乙二胺法检测食品中硝酸盐的含量。

意义：亚硝酸盐和硝酸盐常存在于食品原料和腌制蔬菜(如泡菜、酸菜等)中，在肉类加工食品中常用亚硝酸盐，其目的主要有呈色、抑菌、增味等。但是，亚硝酸盐易在人体内生成具有致癌作用的亚硝胺，亚硝酸盐摄入超量会造成健康损害，甚至死亡[以亚硝酸钠计，每月允许摄入量(ADI值)为0～0.2 mg/kg；以硝酸钠计，ADI值为0～0.5 mg/kg]。

2. 实验依据

1) 食品中亚硝酸盐含量的测定——盐酸萘乙二胺法[17]

原理：食品样品经脱蛋白质、去脂肪后，在弱酸条件下，亚硝酸盐与对氨基苯磺酸发生重氮化反应，再与盐酸萘乙二胺偶合，形成紫红色化合物，该产物最大吸收波长为538 nm，颜色的深浅与亚硝酸盐的含量成正比，外标法定量。

反应方程式如下：

NO_2^- + $2H^+$ + (对氨基苯磺酸，NH_2、SO_3H) → (重氮盐，$N\equiv N^+$、SO_3H) + $2H_2O$

(重氮盐，$N\equiv N^+$、SO_3H) + (盐酸萘乙二胺，HN、NH_2) $\xrightarrow{\cdot 2HCl}$ (N=N，SO_3H，HN，NH_2)

紫红色偶氮化合物

2）食品中硝酸盐含量的测定——镉柱还原法+盐酸萘乙二胺法

原理：采用镉柱将食品样品中的硝酸盐还原成亚硝酸盐，再按盐酸萘乙二胺法测得亚硝酸盐总量，由测得的亚硝酸盐总量减去样品中亚硝酸盐含量，再乘以亚硝酸盐-硝酸盐换算系数，即得样品中硝酸盐的含量。

3. 材料与设备

1）材料与试剂

材料：火腿肠，午餐肉，香肠。

试剂：冰乙酸，氨水（25%），锌皮或锌棒，亚铁氰化钾（106 g/L），乙酸锌溶液（220 g/L，220 g 乙酸锌+30 mL 冰乙酸，用水定容至 1 000 mL），饱和硼砂溶液（50 g/L，5.0 g 硼酸钠+100 mL 热水），氨缓冲液（30 mL 盐酸+100 mL 水+65 mL 氨水，用水稀释至 1 000 mL，调节 pH 至 9.6～9.7），氨缓冲液的稀释液（量取 50 mL 氨缓冲液，用水稀释至 500 mL），盐酸溶液（0.1 mol/L，量取 8.3 mL 盐酸，用水稀释至 1 000 mL；2 mol/L，量取 167 mL 盐酸，用水稀释至 1 000 mL；20%，量取 20 mL 盐酸，用水稀释至 100 mL），对氨基苯磺酸溶液（0.4 g 对氨基苯磺酸+100 mL 20%盐酸，棕色瓶避光保存），盐酸萘乙二胺溶液（2 g/L，0.2 g 盐酸萘乙二胺+100 mL 水，棕色瓶避光保存），硫酸铜溶液（20 g/L，20 g 硫酸铜，用水定容至 1 000 mL），硫酸镉溶液（40 g/L，40 g 硫酸镉，用水定容至 1 000 mL），乙酸溶液（3%，3 mL 冰乙酸，用水定容至 100 mL），亚硝酸钠标准溶液（200 μg/mL，称取 0.100 0 g 于 110～120℃下干燥至恒重的亚硝酸钠，用水定容至 500 mL），硝酸钠标准溶液（200 μg/mL，称取 0.123 2 g 于 110～120℃下干燥至恒重的硝酸钠，用水定容至 500 mL），亚硝酸钠标准使用液（5.0 μg/mL，吸取 2.50 mL 亚硝酸钠标准溶液，用水定容至 100 mL，临用现配），硝酸钠标准使用液（5.0 μg/mL，吸取 2.50 mL 硝酸钠标准溶液，用水定容至 100 mL，临用现配）。

2）仪器与设备

烧杯（50 mL，500 mL），量筒（50 mL，100 mL，500 mL），容量瓶（100 mL，200 mL，500 mL，1 000 mL），移液管（10 mL），洗耳球，具塞锥形瓶（250 mL），锥形瓶（250 mL），带塞比色管（50 mL），分析天平，组织捣碎机，超声波清洗器，恒温干燥箱，分光光度计，镉柱或镀铜镉柱。

镉柱或镀铜镉柱的制备流程如下。

（1）海绵状镉（镉粒直径为 0.3～0.8 mm）的制备：将适量的锌棒放入烧杯中，用 40 g/L 硫酸镉溶液浸没锌棒。在 24 h 之内，不断将锌棒上的海绵状镉轻轻刮下。取出残余锌棒，使镉沉底，倾去上层溶液。用水冲洗海绵状镉 2～3 次后，将镉转移至搅拌器中，加入 400 mL 盐酸（0.1 mol/L），搅拌数秒，以得到所需粒径的镉颗粒。将制得的海绵状镉倒回烧杯中，静置 3～4 h，期间搅拌数次以除去气泡。倾去海绵状镉中的溶液。

(2) 镉粒镀铜：将制得的镉粒置于锥形瓶中(所用镉粒的量以达到要求的镉柱高度为准)，加足量的 2 mol/L 盐酸，浸没镉粒，振荡 5 min，静置分层，倾去上层溶液，用水多次冲洗镉粒。在镉粒中加入 20 g/L 硫酸铜溶液(每克镉粒约需 2.5 mL 硫酸铜溶液)，振荡 1 min，静置分层，倾去上层溶液后，立即用水冲洗镀铜镉粒(注意镉粒要始终用水浸没)，直至冲洗的水中不再有铜沉淀。

(3) 镉柱的装填：如图 11－1 所示，用水装满镉柱玻璃管，并装入约 2 cm 高的玻璃棉做垫，将玻璃棉压向柱底时，应将其中所包含的空气全部排出，在轻轻敲击下，加入 8～10 cm 海绵状镉[见图 11－1(a)]或 15～20 cm 海绵状镉[见图 11－1(b)]，上面用 1 cm 高的玻璃棉覆盖。若使用如图 11－1(b)所示的装置，则上置一贮液漏斗，末端要穿过橡皮塞与镉柱玻璃管紧密连接。如无上述镉柱玻璃管时，可以 25 mL 酸式滴定管代替，但过柱时须注意始终保持液面在镉层之上。

(4) 当镉柱填装好后，先用 25 mL 0.1 mol/L 盐酸洗涤，再水洗 2 次，每次 25 mL，镉柱不用时用水封盖，随时都要保持液面在镉层之上，不得使镉层夹有气泡。

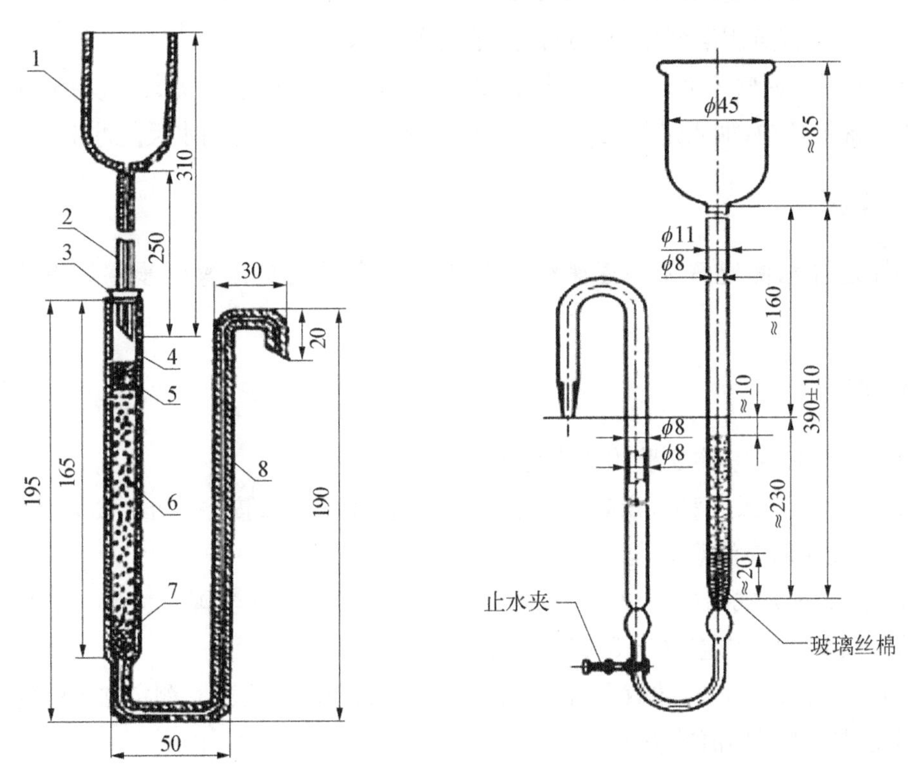

1 — 贮液漏斗，内径35 mm，外径37 mm；2 — 进液毛细管，内径0.4 mm，外径6 mm；
3 — 橡皮塞；4 — 镉柱玻璃管，内径12 mm，外径16 mm；5，7 — 玻璃棉；6 — 海绵状镉；
8 — 出液毛细管，内径2 mm，外径8 mm。

(a) 装置A　　(b) 装置B

图 11－1　镉柱示意图[17]

(5) 镉柱每次使用完毕后,应先用 25 mL 0.1 mol/L 盐酸洗涤,再水洗 2 次,每次 25 mL,最后用水覆盖镉柱。

(6) 镉柱还原效率的测定:吸取 20 mL 硝酸钠标准使用液,加入 5 mL 氨缓冲液的稀释液,混匀后注入贮液漏斗,使其流经镉柱还原,用一个 100 mL 的容量瓶收集洗提液。洗提液的流量不应超过 6 mL/min,在贮液漏斗将要排空时,用约 15 mL 水冲洗杯壁。冲洗水流尽后,再用 15 mL 水重复冲洗,第 2 次冲洗水也流尽后,将贮液漏斗灌满水,并使其以最大流量流过柱子。当容量瓶中的洗提液接近 100 mL 时,从柱子下取出容量瓶,用水定容至刻度,混匀。取 10.0 mL 还原后的溶液(相当于 10 μg 亚硝酸钠)于 50 mL 比色管中,按照图 11 - 2 中的步骤测定亚硝酸钠的含量。

(7) 还原效率按如下公式计算:

$$X = \frac{m_1}{10} \times 100$$

式中 X ——还原效率,%;

m_1——测得亚硝酸钠的含量,μg;

10 ——测定用溶液相当于亚硝酸钠的含量,μg。

(8) 镉柱还原效率大于 95%为符合要求,如果还原效率小于 95%,应将镉柱中的镉粒倒入锥形瓶中,加入足量的 2 mol/L 盐酸,振荡数分钟,再用水反复冲洗。

4. 实验步骤

镉柱还原法测定食品中亚硝酸盐和硝酸盐含量的具体操作步骤如图 11 - 2 所示。

5. 注意事项

(1) 为减少误差,本实验用水应为重蒸馏水。

(2) 本实验涉及多种有毒有害化合物,包括盐酸萘乙二胺、浓盐酸、氨水、亚硝酸盐纯品等,使用时应注意安全。

(3) 预处理方式因样品种类不同而异,具体参见《食品安全国家标准　食品中亚硝酸盐与硝酸盐的测定》(GB 5009.33—2016)。

(4) 结果保留 2 位有效数字,在重复性条件下获得的两次独立测定结果的绝对差值不得超过算术平均值的 10%。

(5) 本实验样品及大多数食品(除液体乳和乳粉之外)的亚硝酸盐的检出限为 1 mg/kg,硝酸盐的检出限为 10 mg/kg;液体乳亚硝酸盐和硝酸盐的检出限分别为 0.06 mg/kg和 0.6 mg/kg,乳粉亚硝酸盐和硝酸盐的检出限分别为 0.5 mg/kg 和 5 mg/kg。

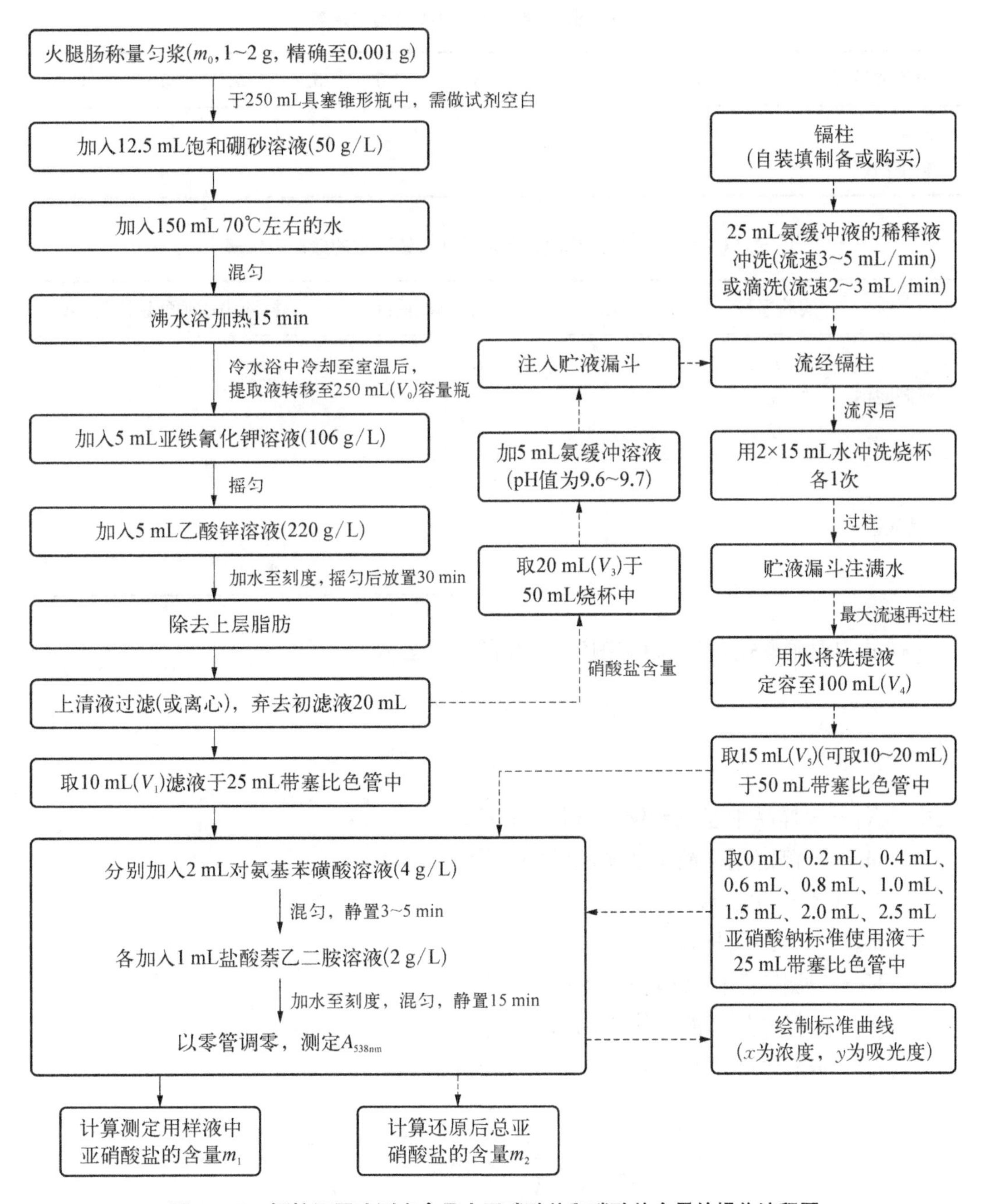

图 11-2　镉柱还原法测定食品中亚硝酸盐和硝酸盐含量的操作流程图

6. 结果分析

按表 11-1 与表 11-2 记录食品中亚硝酸钠和硝酸钠含量测定的相关实验数据。

表 11－1　亚硝酸钠标准曲线数据记录表

亚硝酸钠质量/μg	0.0	1.0	2.0	3.0	4.0	5.0	7.5	10.0	12.5
$A_{538\ nm}$									
标准曲线									

表 11－2　食品中亚硝酸钠和硝酸钠含量测定的数据记录表

	实验序号	$A_{538\ nm}$	标准曲线	样液中亚硝酸钠质量/μg
亚硝酸钠	1			
	2			
	3			
硝酸钠	1			
	2			
	3			

样品中亚硝酸盐(以亚硝酸钠计)含量的计算公式：

$$X_1=\frac{m_2\times 1\,000}{m_3\times\frac{V_1}{V_0}\times 1\,000}$$

式中　X_1——样品中亚硝酸钠的含量，mg/kg；

m_2——测定用样液中亚硝酸钠的质量，μg；

1 000——单位换算系数；

m_3——样品质量，g；

V_1——测定用样液体积，mL；

V_2——样品处理液总体积，mL。

样品中硝酸盐(以硝酸钠计)含量计算公式：

$$X_2=\left(\frac{m_4\times 1\,000}{m_5\times\frac{V_3}{V_2}\times\frac{V_5}{V_4}\times 1\,000}-X_1\right)\times 1.232$$

式中　X_2——样品中硝酸钠的含量，mg/kg；

m_4——经镉粉还原后测得的总亚硝酸钠的质量，μg；

1 000——单位换算系数；

m_5——样品质量，g；

V_3——测定总亚硝酸钠所用样液体积，mL；

V_2——样品处理液总体积，mL；

V_5——经镉柱还原后样液的测定用体积，mL；

V_4——经镉柱还原后样液总体积，mL；

X_1——同一样品中亚硝酸钠的含量（由亚硝酸盐的计算公式得出），mg/kg；

1.232 ——亚硝酸钠换算成硝酸钠的系数。

7. 思考讨论

（1）饱和硼砂溶液有什么作用？实验中哪些试剂用来沉淀样品中的蛋白质？

（2）简述食品中亚硝酸盐的发色机理。

（3）简述实验心得体会。

二、食品中二氧化硫含量的测定

1. 目的和意义

目的： 掌握用蒸馏滴定法测食品中二氧化硫的含量。

意义： 亚硫酸盐和二氧化硫常作为食品漂白剂，可使食品中有色物质经化学作用分解转变为无色物质或使其褪色，此外其还具有防腐和抗氧化的作用。这两种物质本身并无营养价值，也非食品中不可缺少的成分，并且有一定的腐蚀性，过量摄入会危害人体健康。因此，国际组织和许多国家均要求严格控制亚硫酸盐和二氧化硫的使用量，并规定了食品中的残留限量[见《食品安全国家标准　食品添加剂使用标准》(GB 2760—2014)]。

2. 实验依据——蒸馏滴定法[18]

原理： 食品样品在密闭容器中经过酸化、蒸馏之后，蒸馏物用乙酸铅溶液吸收，吸收后的溶液再用盐酸酸化，经碘标准溶液滴定，根据所消耗的碘标准溶液量，计算出样品中二氧化硫的含量。

3. 材料与设备

1）材料与试剂

材料： 葡萄酒，果脯。

试剂： 盐酸溶液（1：1，50 mL 浓盐酸缓缓倾入 50 mL 水中，边加边搅拌），硫酸溶液（1：9，10 mL 浓硫酸缓缓倾入 90 mL 水中，边加边搅拌），淀粉指示液（10 g/L，1 g 可溶性淀粉，用少许水调成糊状，缓缓倾入 100 mL 沸水中，边加边搅拌，煮沸 2 min，放冷备用，临用现配），乙酸铅溶液（20 g/L），硫代硫酸钠标准溶液（0.1 mol/L，称取 16 g 无水硫代硫酸钠或 25 g 含结晶水的硫代硫酸钠，溶于 1 000 mL 新煮沸放冷的水中，加入 0.4 g 氢氧化钠或 0.2 g 碳酸钠，摇匀，储存于棕色瓶内，静置两周后过滤，用重铬酸钾标准溶液标定），重铬酸钾标准溶液[$c(1/6\ K_2Cr_2O_7)$=0.100 0 mol/L，准确称取4.903 1 g重铬酸钾，之前须于(120±2)℃下干燥至恒重，用水定容至1 000 mL]，碘标准溶液[$c(1/2\ I_2)$=0.10 mol/L，称取13 g碘和35 g碘化钾，加水约100 mL，溶解后加入3滴浓盐酸，用水定容至1 000 mL，过滤后转入棕色瓶，用硫代硫酸钠标准溶液标定]，碘标准溶液[$c(1/2I_2)$=0.010 00 mol/L，将0.100 0 mol/L碘标准溶液用水稀释10倍]。

2）仪器与设备

烧杯，酸式滴定管（25 mL），移液管（10 mL），洗耳球，碘量瓶（500 mL），量筒（100 mL，250 mL），容量瓶（1 000 mL），全玻璃蒸馏器（500 mL），分析天平。

4. 实验步骤

蒸馏滴定法测定食品中二氧化硫含量的具体操作步骤如图11-3所示。

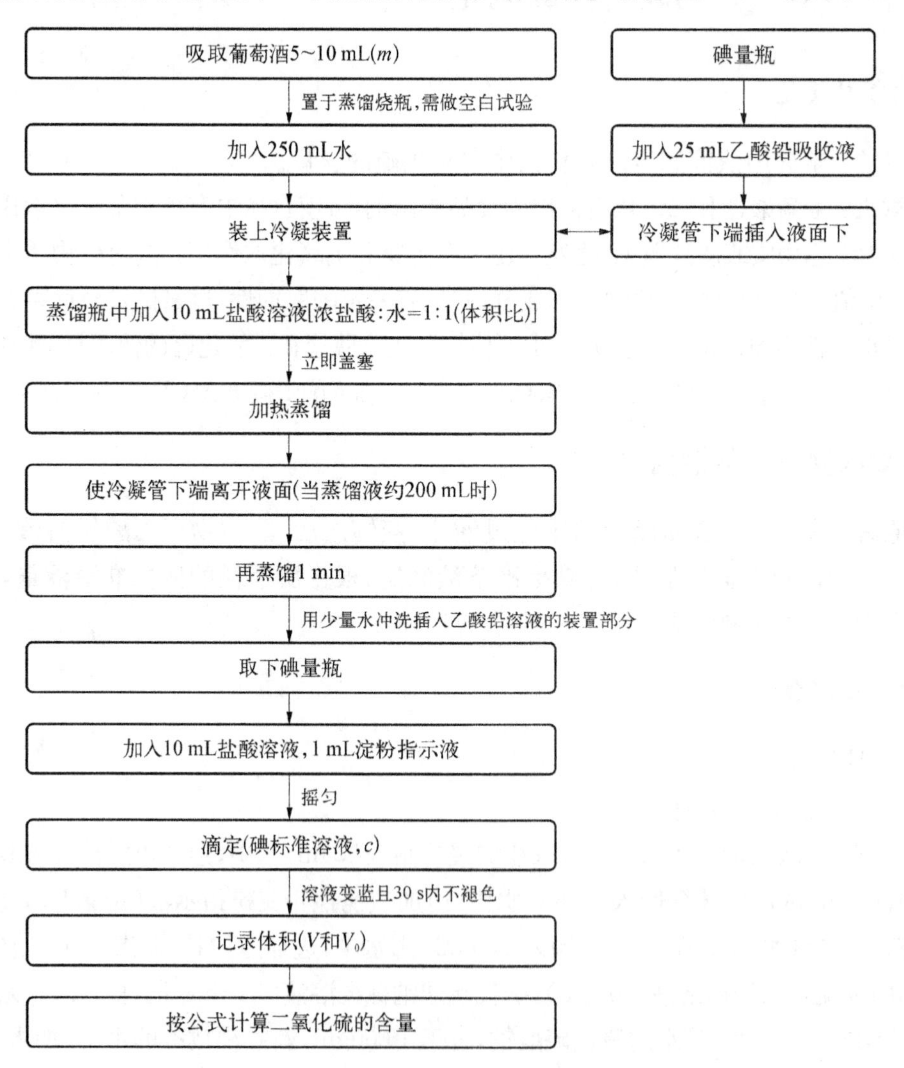

图11-3 蒸馏滴定法测定食品中二氧化硫含量的操作流程图

5. 注意事项

（1）本方法适用于葡萄酒、果脯、干制蔬菜、米粉类、粉条、砂糖和食用菌等食品中总二氧化硫含量的测定。

（2）测定果脯、干制蔬菜、米粉类、粉条和食用菌中二氧化硫的含量时，应先将样品适当剪成小块，再用剪切式粉碎机和组织捣碎机捣碎，搅匀后备用。

（3）计算结果以重复性条件下获得的三次独立测定结果的算术平均值表示，当二氧化硫含量≥1 g/kg(L)时，结果保留三位有效数字；当二氧化硫含量<1 g/kg(L)时，结果保留两位有效数字。

（4）在重复性条件下获得的两次独立测试结果的绝对差值不得超过算术平均值的10%。

（5）当取5 g固体样品时，方法的检出限为3.0 mg/kg，定量限为10.0 mg/kg；当取10 mL液体样品时，方法的检出限为1.5 mg/L，定量限为5.0 mg/L。

6. 结果分析

按表11－3记录食品中二氧化硫含量测定的相关实验数据。

表11－3　食品中二氧化硫含量测定的数据记录表

	实验序号	滴定起点/mL	滴定终点/mL	滴定体积/mL
空白	1			
	2			
	3			
样品	1			
	2			
	3			

样品中二氧化硫含量的计算公式：

$$X=\frac{(V-V_0)\times 0.032\times c\times 1\,000}{m}$$

式中　X——样品中二氧化硫的总含量（以二氧化硫计），g/kg或g/L；

V——滴定样品所用的碘标准溶液体积，mL；

V_0——空白试验所用的碘标准溶液体积，mL；

0.032——1 mL碘标准溶液[$c(1/2\ I_2)=1.0$ mol/L]相当于二氧化硫的质量，g；

c——碘标准溶液的浓度，mol/L；

m ——样品质量或体积,g 或 mL。

7. 思考讨论

(1) 我国国家标准对不同食品中二氧化硫的残留限量有何差异?

(2) 简述生活中添加亚硫酸盐或使用二氧化硫的具体事例。

(3) 简述实验心得体会。

三、食品中苯甲酸和山梨酸含量的测定

1. 目的和意义

目的: 掌握用高效液相色谱测定食品中苯甲酸和山梨酸的含量。

意义: 苯甲酸钠和山梨酸钾是食品中最常用的两种防腐剂,其防腐作用在于其中的苯甲酸和山梨酸,这两种防腐剂在 GB 2760—2014 中均有明确的添加量和添加范围限定。测定这两种防腐剂在食品中的含量,可以明确食品生产者是否超量添加或超范围添加。

2. 实验依据——高效液相色谱法[19]

原理: 食品样品直接经水提取(如果是高脂肪样品,须用正己烷脱脂;如果是高蛋白样品,须用蛋白沉淀剂沉淀脱除蛋白),提取液采用高效液相色谱分离、紫外检测器检测,外标法定量。

3. 材料与设备

1) 材料与试剂

材料: 酱油,榨菜,碳酸饮料,果酱。

试剂: 甲醇(色谱纯),乙酸铵(色谱纯),甲酸(色谱纯),亚铁氰化钾溶液(92 g/L,称取 106 g 亚铁氰化钾,用水定容至 1 000 mL),乙酸锌溶液(183 g/L,称取 220 g 乙酸锌溶于少量水,加入 30 mL 冰乙酸,用水定容至 1 000 mL),乙酸铵溶液(20 mmol/L,称取 1.54 g 乙酸铵,用水定容至 1 000 mL,0.22 μm 水相微孔滤膜过滤),苯甲酸、山梨酸标准储备溶液(1 000 mg/L,分别称取苯甲酸钠、山梨酸钾 0.118 g、0.134 g,分别用水定容至 100 mL),苯甲酸、山梨酸混合标准中间溶液(200 mg/L,分别吸取苯甲酸、山梨酸标准储备溶液 10 mL 于同一 50 mL 容量瓶,用水定容),苯甲酸、山梨酸混合标准系列工作溶液(分别吸取苯甲酸、山梨酸混合标准中间溶液 0 mL、0.05 mL、0.25 mL、0.50 mL、1.00 mL、2.50 mL、5.00 mL、10.0 mL,用水定容至 10 mL,所得浓度分别为 0 mg/L、1.00 mg/L、5.00 mg/L、10.0 mg/L、20.0 mg/L、50.0 mg/L、100 mg/L、

200 mg/L，临用现配），0.22 μm 滤膜。

2）仪器与设备

量筒（50 mL），移液管（10 mL），洗耳球，容量瓶（10 mL，100 mL，500 mL，1 000 mL），具塞离心管（50 mL），分析天平，涡旋振荡器，离心机，匀浆机，恒温水浴锅，超声波清洗器，高效液相色谱仪（配紫外检测器），C_{18}色谱柱（250 mm×4.6 mm×5 μm）。

4. 实验步骤

高效液相色谱法测定食品中苯甲酸和山梨酸含量的具体操作步骤如图 11－4 所示。

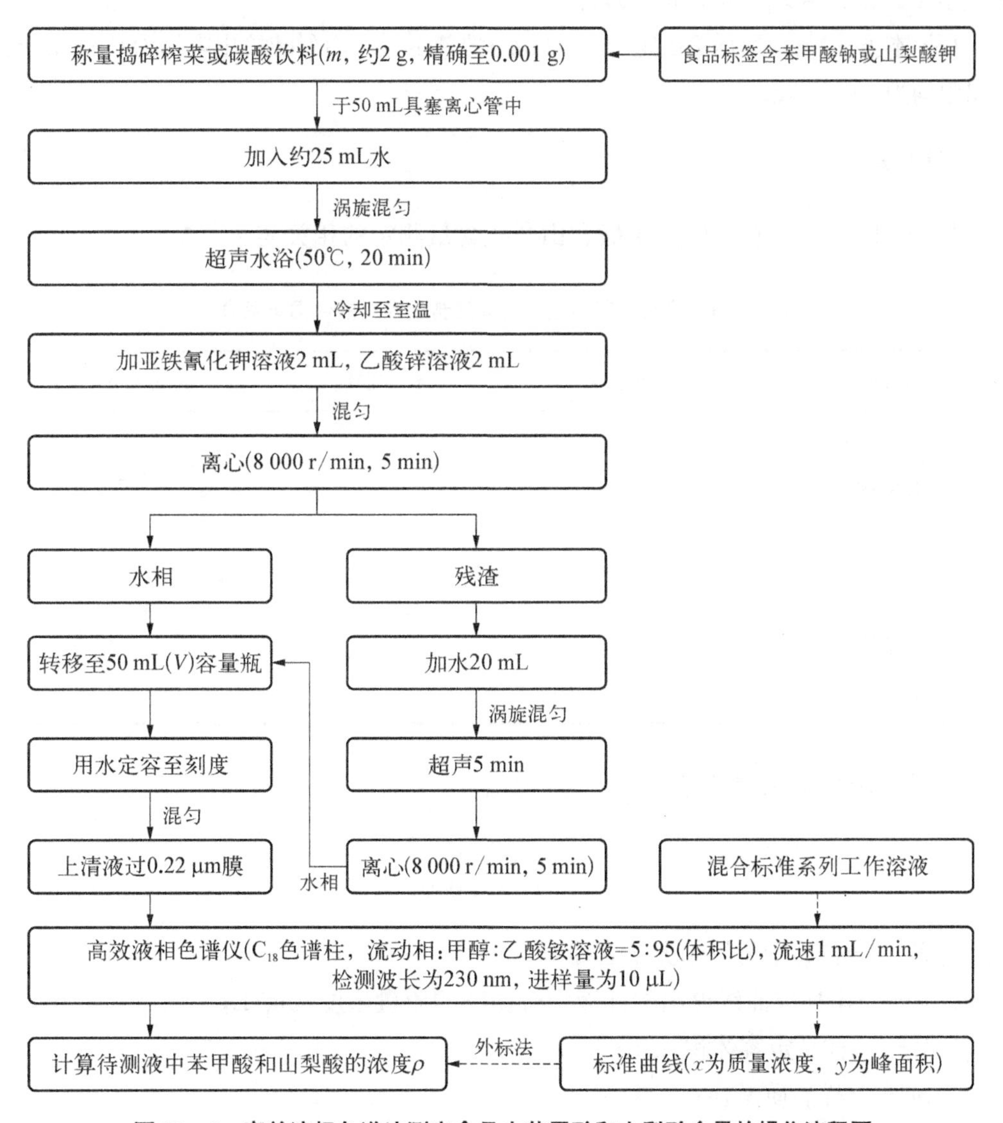

图 11－4　高效液相色谱法测定食品中苯甲酸和山梨酸含量的操作流程图

5. 注意事项

(1) 本方法适用于食品中苯甲酸和山梨酸含量的测定。

(2) 对于含胶基的果冻和糖果，样品提取时的水浴温度调整为70℃；对于高脂样品，须预先用正己烷等去除脂肪；对于碳酸饮料、果酒、果汁和蒸馏酒等几乎不含蛋白质的样品，可以不加蛋白沉淀剂。

(3) 当色谱图存在干扰峰或需要辅助定性时，可以采用加入甲酸的流动相来测定，如流动相采用甲醇：甲酸-乙酸铵溶液(2 mmol/L - 20 mmol/L)＝8：92(体积比)。

(4) 实验结果保留3位有效数字，在重复性条件下获得的两次独立测定结果的绝对差值不得超过算术平均值的10%。

(5) 本方法操作(取样2 g、定容至50 mL)的苯甲酸和山梨酸检出限均为0.005 g/kg，定量限均为0.01 g/kg。

6. 结果分析

按表11-4记录食品中苯甲酸和山梨酸含量测定的相关实验数据。

表11-4　食品中苯甲酸和山梨酸含量测定的数据记录表

目标物	实验序号	标准曲线	浓度/(mg/L)
苯甲酸	1		
	2		
	3		
山梨酸	1		
	2		
	3		

样品中苯甲酸、山梨酸含量的计算公式：

$$X=\frac{\rho\times V}{m\times 1\,000}$$

式中　X——样品中待测组分的含量，g/kg；

ρ——由标准曲线得出的样液中待测物的质量浓度，mg/L；

V——样品定容体积，mL；

m——样品质量，g；

1 000——单位换算系数(由mg/kg转换为g/kg的换算因子)。

7. 思考讨论

(1) 简述三类以上食品中苯甲酸钠或者山梨酸钾限量标准，比较二者的安全性。

(2) 生鲜食品允许添加防腐剂吗？为什么？

(3) 简述实验心得体会。

实验十二

食品酸度的测定

1. 目的和意义

目的： 掌握用酚酞指示剂法测定食品的酸度。

意义： 食品中的酸不仅作为风味成分，而且对食品的加工、储藏及品质稳定具有重要作用。食品中的有机酸影响食品的色、香、味，可以判断果蔬的成熟度和食品的腐败度。因此，测定食品中的酸度具有十分重要的意义。

2. 实验依据——酚酞指示剂法[20]

原理： 酸度是指食品中所有酸性成分的总量。食品中的酒石酸、苹果酸、柠檬酸、草酸、乙酸等的电离常数均大于 10^{-8}，可以用强碱标准溶液直接滴定。通常，采用酚酞作为指示剂，用 0.100 0 mol/L 氢氧化钠标准溶液滴定至溶液呈浅红色（近中性，偏弱碱性），即为滴定终点，根据消耗氢氧化钠溶液的体积数，可计算出样品的酸度。

3. 材料与设备

1）材料与试剂

材料： 牛奶，酸奶。

试剂： 邻苯二甲酸氢钾（于 105～110℃干燥至恒重），参比溶液（称取 3 g 七水硫酸钴，定容至 100 mL），酚酞指示液（0.5 g 酚酞＋75 mL95％乙醇＋20 mL 水，滴加氢氧化钠溶液至微粉色，用水定容至 100 mL），不含二氧化碳的蒸馏水（将水煮沸 15 min，冷却，密闭），氢氧化钠标准溶液。

氢氧化钠标准溶液的标定：称取 0.75 g 干燥至恒重的邻苯二甲酸氢钾，加 50 mL 无二氧化碳的水，加两滴酚酞指示液，用已配好的氢氧化钠溶液（按 0.100 0 mol/L 初步配制：20 g 氢氧化钠＋100 mL 蒸馏水溶解静置数日后，取上清液 5.6 mL，定容至 1 000 mL）滴定至微红色，并保持 30 s，同时做空白实验。

氢氧化钠标准溶液的浓度按如下公式计算：

$$c=\frac{m\times 1\,000}{(V_1-V_2)\times 204.2}$$

式中　c ——氢氧化钠标准溶液的浓度，mol/L；

m ——基准邻苯二甲酸氢钾的质量，g；

V_1——标定时消耗氢氧化钠标准溶液的体积，mL；

V_2——空白实验中消耗氢氧化钠标准溶液的体积，mL；

204.2 ——邻苯二甲酸氢钾的摩尔质量，g/mol。

2）仪器与设备

烧杯，量筒（50 mL，100 mL），容量瓶（100 mL），锥形瓶（150 mL），碱式滴定管，分析天平。

4. 实验步骤

酚酞指示剂法测定食品酸度的具体操作步骤如图 12－1 所示。

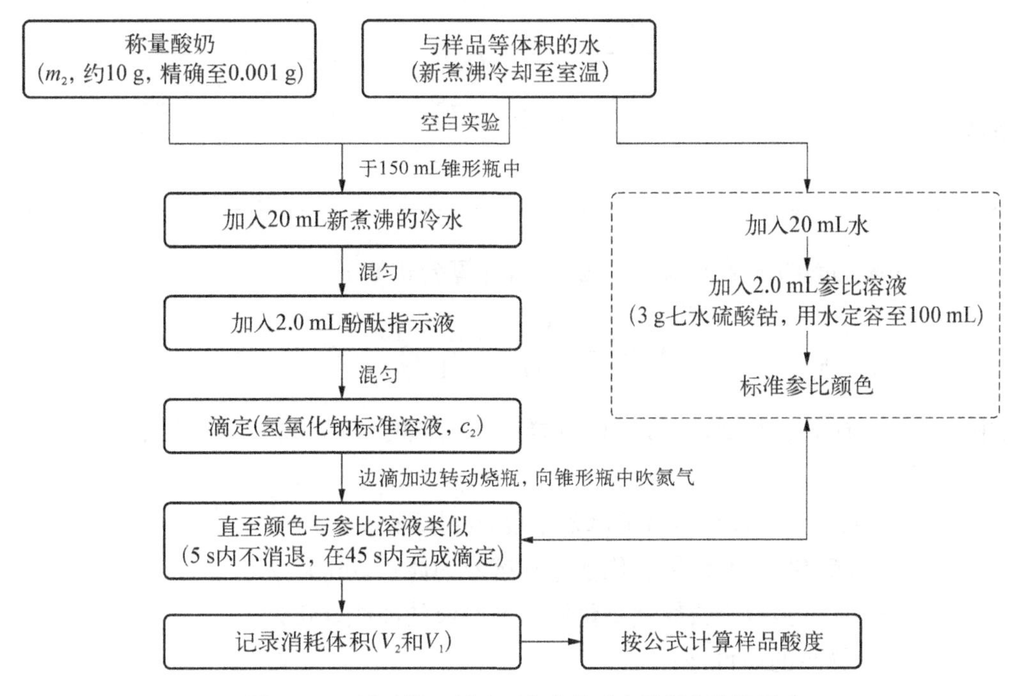

图 12－1　酚酞指示剂法测定食品酸度的操作流程图

5. 注意事项

（1）本方法适用于生乳及乳制品、淀粉及其衍生物、粮食及其制品酸度的测定。

（2）对于颜色较深的食品，因滴定终点颜色变化不明显，可通过加水稀释、用活性炭脱色等方法处理后再滴定。若样液颜色过深或浑浊，则宜采用电位滴定法。

（3）实验中的水均为新煮沸并冷却至室温的水，以除去二氧化碳。

（4）参比溶液可用于整个测定过程，但时间不得超过 2 h。

(5) 以重复性条件下获得的两次独立测定结果的算术平均值表示,结果保留三位有效数字。在重复性条件下获得的两次独立测定结果的绝对差值不得超过算术平均值的10%。

6. 结果分析

按表12-1记录食品酸度测定的相关实验数据。

表12-1 食品酸度测定的数据记录表

	实验序号	滴定起点/mL	滴定终点/mL	滴定体积/mL
空白	1			
	2			
	3			
样品	1			
	2			
	3			

牛奶和酸奶的酸度数值以“°T”为单位,计算公式如下:

$$X=\frac{c\times(V_2-V_0)\times 100}{m_2\times 0.1}$$

式中 X——样品的酸度,°T(以100 g样品所消耗的0.1 mol/L氢氧化钠毫升数计,mL/100 g);

c——氢氧化钠标准溶液的摩尔浓度,mol/L;

V_2——滴定时所消耗氢氧化钠标准溶液的体积,mL;

V_1——空白实验所消耗氢氧化钠标准溶液的体积,mL;

m_2——样品的质量,g;

100——单位换算系数;

0.1——酸度理论定义氢氧化钠的摩尔浓度,mol/L。

7. 思考讨论

(1) 为什么滴定终点偏碱性,是否可以选择其他指示剂来判断反应的终点?

(2) 如何测定液态食品的有效酸度?

(3) 简述实验心得体会。

实验十三

食品过氧化值、茴香胺值和全氧化值的测定

1. 目的和意义

目的： 掌握测定食品过氧化值(POV)、茴香胺值和全氧化值的方法。

意义： 脂质氧化是含脂食品和食用油脂变质的主要原因之一，检测油脂的过氧化值和茴香胺值，有利于判断油脂和含脂食品的新鲜和酸败程度。过氧化值反应油脂和含脂食品中过氧化物(特别是初级氧化产物)的含量，茴香胺值反映油脂和含脂食品中次级氧化产物不饱和羰基化合物(醛、酮、醌类等)的含量。这两项指标在许多国家、地区和组织的技术标准和食品标准中都有体现，并规定了安全限量。全氧化值由过氧化值与茴香胺值按加和公式计算得到，一定程度上能更好地全面评估油脂的氧化劣变程度。

2. 实验依据

1) 食品中过氧化值的测定——滴定法[21]

原理： 在酸性条件下，碘化钾能与油脂中的过氧化物发生反应而析出碘，析出的碘用硫代硫酸钠标准溶液滴定，根据硫代硫酸钠的用量，用过氧化物相当于碘的质量分数或 1 kg 样品中活性氧的物质的量(毫摩尔数)表示过氧化值的量。

反应方程式如下：

$$ROOH + 2KI \rightarrow K_2O + I_2 + ROH$$

$$I_2 + 2Na_2S_2O_3 \rightarrow Na_2S_4O_6 + 2NaI$$

2) 动植物油脂中茴香胺值的测定——分光光度法[22]

原理： 茴香胺值是指在规定实验条件下，p-茴香胺的醋酸溶液与样品(用异辛烷溶解)反应，用 10 mm 比色皿测定 350 nm 波长下的吸光度增加值，扩大 100 倍后的数值。

3) 全氧化值的计算

原理： 全氧化值由过氧化值和茴香胺值两部分组成。先分别测定过氧化值和茴香胺值，再通过公式即可算出全氧化值。

3. 材料与设备

1）材料与试剂

材料：精炼大豆油等食用植物油。

试剂：过氧化值的测定　三氯甲烷-冰乙酸混合液（40 mL+60 mL），碘化钾饱和溶液（20 g 碘化钾+10 mL 新煮沸冷却的水，储存于棕色瓶，避光保存），1%淀粉指示剂（称取 0.5 g 可溶性淀粉，加少量水调成糊状，边搅拌边加入 50 mL 沸水，煮沸搅匀，放冷备用，临用前配制），0.1 mol/L 硫代硫酸钠标准溶液[称取 26 g 硫代硫酸钠（$Na_2S_2O_3 \cdot 5H_2O$），加 0.2 g 无水碳酸钠，溶于 1 000 mL 水中，缓缓煮沸 10 min，冷却，放置两周后标定]，0.01 mol/L 硫代硫酸钠标准溶液（由 0.1 mol/L 硫代硫酸钠标准溶液稀释而成，临用前配制），0.002 mol/L 硫代硫酸钠标准溶液（由 0.1 mol/L 硫代硫酸钠标准溶液稀释而成，临用前配制）。

茴香胺值的测定　异辛烷，冰醋酸，茴香胺试剂（称取 0.125 g *p*-茴香胺，用冰醋酸定容至 50 mL，避光保存，仅供当天使用），无水硫酸钠。

2）仪器与设备

过氧化值的测定：烧杯，量筒（50 mL，100 mL，1 000 mL），容量瓶（100 mL），碘量瓶（250 mL），碱式滴定管，分析天平。

茴香胺值的测定：容量瓶（25 mL，50 mL），移液管（1 mL，5 mL），具塞试管（10 mL），分析天平，分光光度计。

4. 实验步骤

1）过氧化值的测定

滴定法测定食品中过氧化值的具体操作步骤如图 13-1 所示。

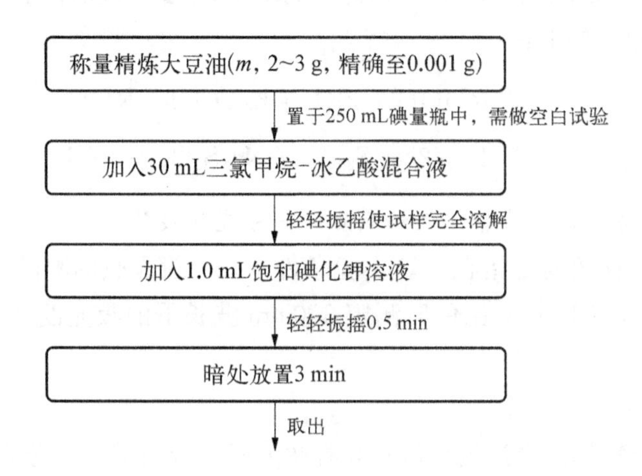

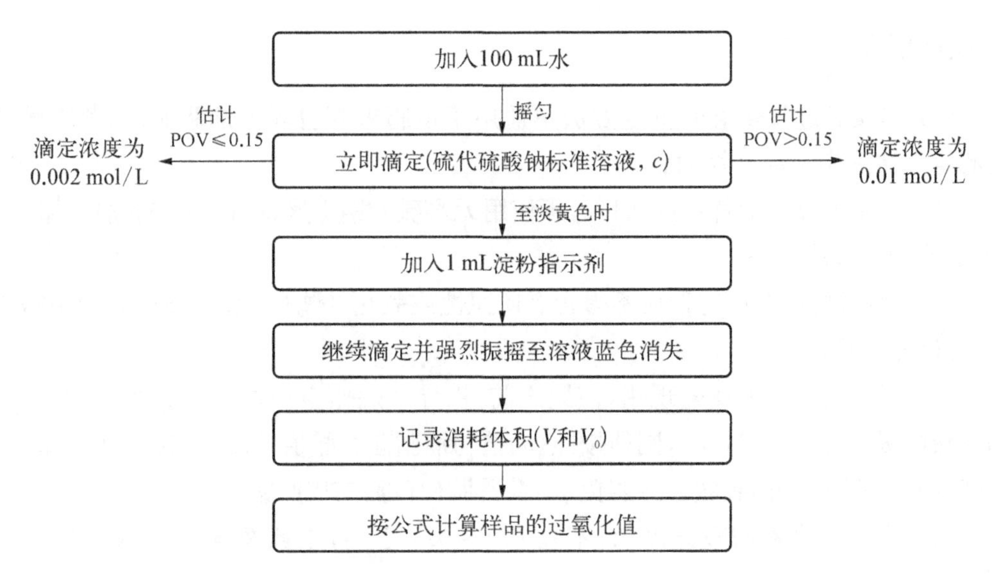

图 13-1　滴定法测定食品中过氧化值的操作流程图

2) 茴香胺值的测定

分光光度法测定油脂中茴香胺值的具体操作步骤如图 13-2 所示。

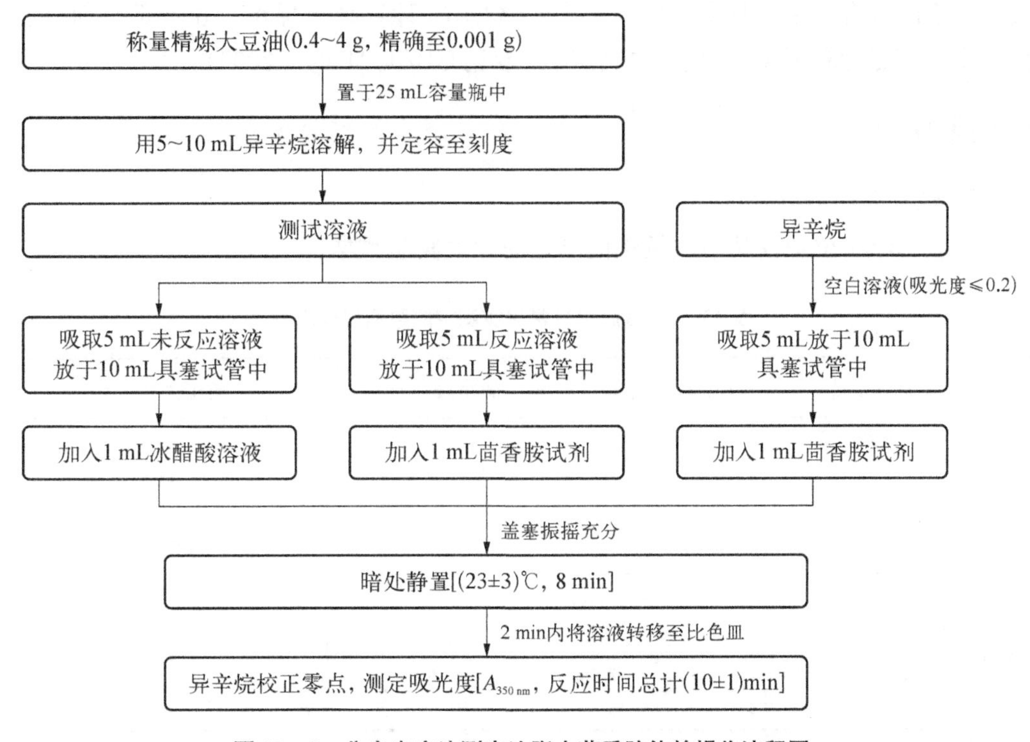

图 13-2　分光光度法测定油脂中茴香胺值的操作流程图

5. 注意事项

(1) 本实验过氧化值的测定方法不适用于植脂末等包埋类油脂制品；茴香胺值的测定方法适用于动植物油脂。

(2) 样品水分含量若超过0.1%，须使用无水硫酸钠干燥(可按每10 g油样加1～2 g的比例)，过滤后备用。

(3) 测定过程中，所有器皿不得含有还原性或氧化性物质，磨砂玻璃表面不得涂油；应避光操作。

(4) 茴香胺试剂须现配现用，使用之前，用异辛烷作空白对照检查吸光度，若空白溶液的吸光度A_2超过0.2，则须按照《动植物油脂茴香胺值的测定》(GB/T 24304—2009)(5.3)精制p-茴香胺。应避免p-茴香胺(有毒)与皮肤接触。

(5) 若反应溶液的吸光度A_1不在0.2～0.8之间，须调整样品的取样量重新测定。

(6) 过氧化值的计算结果以重复性条件下获得的两次独立测定结果的算术平均值表示，结果保留两位有效数字；在重复性条件下获得的两次独立测定结果的绝对差值不得超过算术平均值的10%；测定时空白试验所消耗的0.01 mol/L硫代硫酸钠溶液的体积不得超过0.1 mL。茴香胺值没有单位，而是以1 g样品溶入100 mL溶剂和反应试剂的混合液中所测得的值为1个计量单位，计算结果保留一位小数。茴香胺值测定的重复性和再现性限值不超过5%(参见GB/T 24304—2009)。

6. 结果分析

1) 过氧化值的计算

按表13-1记录食品中过氧化值测定的相关实验数据。

表13-1 食品中过氧化值测定的数据记录表

	实验序号	滴定起点/mL	滴定终点/mL	滴定体积/mL
空白	1			
	2			
	3			
样品	1			
	2			
	3			

用过氧化物相当于碘的质量分数表示过氧化值时，计算公式如下：

$$POV_1=\frac{(V-V_0)\times c\times 0.126\,9}{m}\times 100$$

式中　POV_1——过氧化值，g/100 g；

V——样品消耗的硫代硫酸钠标准溶液体积，mL；

V_0——空白试验消耗的硫代硫酸钠标准溶液体积，mL；

c——硫代硫酸钠标准溶液的浓度，mol/L；

m——样品质量，g；

0.126 9——与 1.00 mL 硫代硫酸钠标准滴定溶液[$c(Na_2S_2O_3)=1.000$ mol/L]相当的碘的质量；

100——单位换算系数。

用 1 kg 样品中活性氧的物质的量(毫摩尔数)表示过氧化值时，计算公式如下：

$$POV_2=\frac{(V-V_0)\times c}{2\times m}\times 1\,000$$

式中　POV_2——过氧化值，mmol/kg；

V——试样消耗的硫代硫酸钠标准溶液体积，mL；

V_0——空白试验消耗的硫代硫酸钠标准溶液体积，mL；

c——硫代硫酸钠标准溶液的浓度，mol/L；

m——样品质量，g；

1 000——单位换算系数。

2) 茴香胺值的计算

按表 13-2 记录油脂中茴香胺值测定的相关实验数据。

表 13-2　油脂中茴香胺值测定的数据记录表

$A_{350\ nm}$	实验序号			
	1	2	3	平均值
空白溶液 A_2				—
未反应溶液 A_0				—
反应溶液 A_1				—
茴香胺值				

茴香胺值计算公式如下：

$$p\text{-AnV}=\frac{100QV}{m}\times[1.2\times(A_1-A_2-A_0)]$$

式中 p-AnV——样品的茴香胺值；

V——溶解样品的体积(本实验为 25 mL)，mL；

m——样品质量，g；

Q——根据茴香胺值的定义，Q 为测定溶液中样品的浓度，其值为 0.01 g/mL；

A_0——未反应测试溶液的吸光度；

A_1——反应溶液的吸光度；

A_2——空白溶液的吸光度；

1.2——用 1 mL 茴香胺试剂或冰醋酸溶液稀释测试溶液的校正因子。

3) 全氧化值的计算

全氧化值也称为总氧化值，计算公式如下：

$$\text{TOTOX} = (4 \times \text{POV}) + p - \text{AnV}$$

式中 TOTOX——样品的全氧化值；

POV——样品的过氧化值，mmol/kg；

p-AnV——样品的茴香胺值。

7. 思考讨论

(1) 全氧化值在什么情况下测定意义较大?

(2) 过氧化值能否全面反映食品的氧化程度? 简要分析不同食品规定不同过氧化值残留限量的原因。

(3) 简述实验心得体会。

实验十四

油脂酸价的测定

1. 目的和意义

目的： 掌握用冷溶剂指示剂滴定法测定油脂的酸价。

意义： 酸价(acid value, AV)，也称酸值，常用于食用油脂和油料的品质评定，现也扩展到其他食品，包括油炸食品、膨化食品、烘炒食品、坚果、糕点、面包、饼干、含脂酱、动物性水产干制品和腌腊肉制品。通过酸价可以了解食品的新鲜或酸败程度，酸价也是动植物油原料在精炼之前须测定的关键指标。酸价，通常指中和1 g油脂中的游离脂肪酸所需氢氧化钾的质量(mg)。

2. 实验依据——冷溶剂指示剂滴定法[23]

原理： 本法适用于油脂类样品，先用有机溶剂将样品溶解，再用氢氧化钾或氢氧化钠标准溶液滴定，样品溶液中的游离脂肪酸被中和，通过相应指示剂的颜色变化判定滴定终点，最后通过滴定终点消耗的标准滴定溶液的体积，计算油脂样品的酸价。

反应方程式如下：

$$R-COOH+KOH \longrightarrow R-COOK+H_2O$$

3. 材料与设备

1) 材料与试剂

材料： 精炼葵花籽油，精炼大豆油，菜籽油，花生油等。

试剂： 氢氧化钾标准溶液(0.1 mol/L或0.5 mol/L，按照《化学试剂　标准滴定溶液的制备》(GB/T 601—2016)的要求配制和标定)，乙醚-异丙醇混合液(500 mL+500 mL，或者按1∶1配制)，酚酞指示剂(1 g酚酞+100 mL95%乙醇)。

2) 仪器与设备

量筒(100 mL)，锥形瓶(250 mL)，碱式滴定管，分析天平。

4. 实验步骤

食品酸价测定的具体操作步骤如图14-1所示，取样量可参考表14-1。

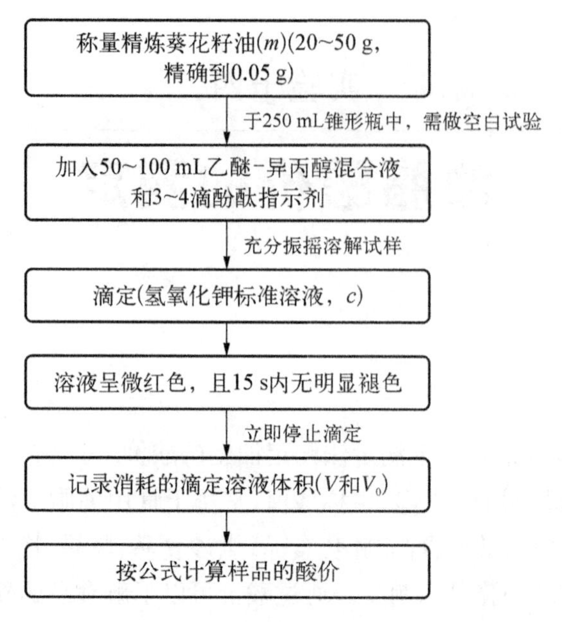

图 14-1　食品酸价测定的操作流程图

表 14-1　样品称量参考表[23]

估计的酸价/(mg/g)	最小称样量/g	滴定液浓度/(mol/L)	样品称量精确度/g
0～1	20	0.1	0.05
1～4	10	0.1	0.02
4～15	2.5	0.1	0.01
15～75	0.5～3.0	0.1 或 0.5	0.001
＞75	0.2～1.0	0.5	0.001

注：通常，除米糠毛油(要求 AV≤25)外，其他油脂(含毛油)酸价都要求 AV≤10。

5. 注意事项

(1) 本方法适用于常温下能够被冷溶剂完全溶解成澄清溶液的食用油脂样品，适用范围包括食用植物油(辣椒油除外)、食用动物油、食用氢化油、起酥油、人造奶油、植脂奶油、植物油料 7 类。

(2) 测酸价需使油样充分溶解，必要时可置于热水中，温热使其溶解。

(3) 确定称样量和滴定液浓度，应使滴定液用量在 0.2～10 mL 之间(扣除空白后)。若检测后，发现样品的实际称样量与该样品酸价所对应的应有称样量不符，应按照表 14-1 中的要求，调整称样量后重新检测。

(4) 对于深色泽的油脂样品，可用百里香酚酞指示剂或碱性蓝 6B 指示剂取代酚酞指示剂。

(5) 酸价≤1 mg/g,计算结果保留两位小数;1 mg/g<酸价≤100 mg/g,计算结果保留一位小数;酸价>100 mg/g,计算结果保留至整数位。当酸价<1 mg/g 时,在重复条件下获得的两次独立测定结果的绝对差值不得超过算术平均值的 15%;当酸价≥1 mg/g 时,在重复条件下获得的两次独立测定结果的绝对差值不得超过算术平均值的 12%。

6. 结果分析

按表 14-2 记录食品酸价测定的相关实验数据。

表 14-2　食品酸价测定的数据记录表

	实验序号	滴定起点/mL	滴定终点/mL	滴定体积/mL
空白	1			
	2			
	3			
样品	1			
	2			
	3			

食用植物油脂的酸价计算公式如下:

$$AV=\frac{(V-V_0)\times c\times 56.1}{m}$$

式中　AV——酸价,mg/g;

V——滴定时所消耗标准滴定溶液的体积,mL;

V_0——空白实验所消耗标准滴定溶液的体积,mL;

c——标准滴定溶液的浓度,mol/L;

m——油脂样品的称样量,g;

56.1——氢氧化钾的摩尔质量,g/mol。

7. 思考讨论

(1) 油脂中游离脂肪酸与酸价有何关系?

(2) 酸价与酸度有何区别? 二者的适用范围有何不同?

(3) 简述实验心得体会。

实验十五

食品羰基价的测定

1. 目的和意义

目的： 掌握测定食品羰基价的方法。

意义： 油脂氧化所生成的过氧化物会进一步分解为含羰基的化合物。由于多数羰基化合物都具有挥发性，且其气味在很大程度上能表征油脂自动氧化的酸败味，因此，多个国家和地区的标准采用羰基价来评价油脂中氧化产物的含量和酸败劣变的程度。羰基价是我国食品安全国家标准中强制检测的指标之一。

2. 实验依据[24]

原理： 油脂中的羰基化合物与2,4-二硝基苯肼反应生成腙，在碱性溶液中形成醌离子，呈褐红色或酒红色，该化合物在440 nm处有最大吸收，根据吸光度即可计算羰基价。

3. 材料与设备

1) 材料与试剂

材料： 芝麻油，花生油，橄榄油。

试剂： 三氯乙酸溶液(4.3 g三氯乙酸+100 mL苯)，2,4-二硝基苯肼溶液(0.050 g 2,4-二硝基苯肼+100 mL苯)，氢氧化钾-乙醇溶液(4 g氢氧化钾+100 mL精制乙醇，冷暗处过夜，取上部澄清液使用，溶液变黄褐色则应重新配制)

2) 仪器与设备

量筒(100 mL)，移液管(5 mL，10 mL)，具塞试管(25 mL)，分析天平，恒温水浴锅，分光光度计，涡旋振荡器。

4. 实验步骤

食品中羰基价测定的具体操作步骤如图15-1所示。

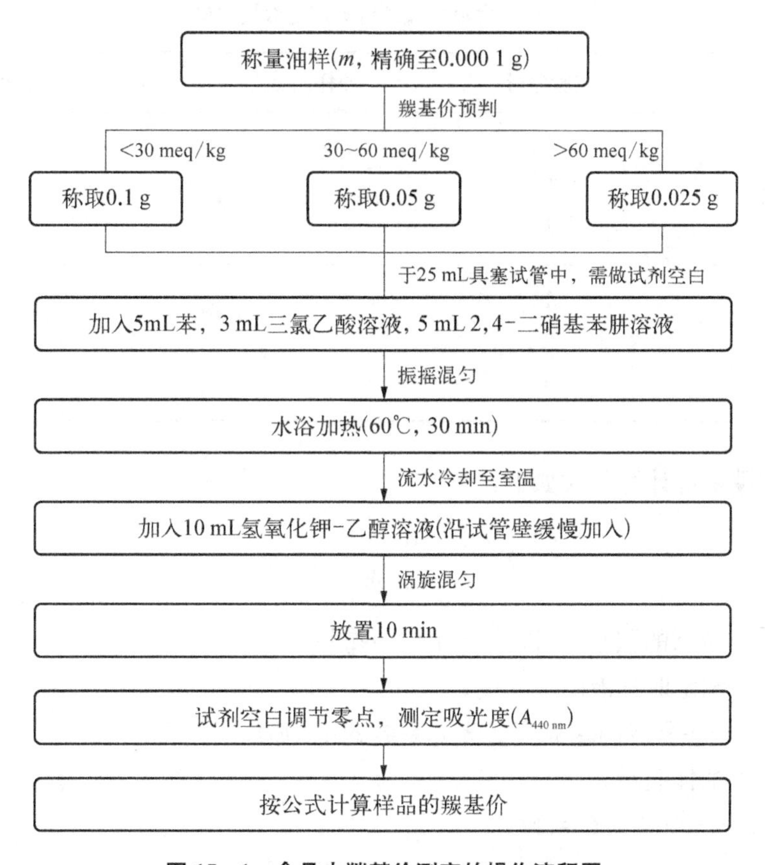

图 15-1　食品中羰基价测定的操作流程图

5. 注意事项

(1) 本法适用于食用植物油脂羰基价的测定，对于非液态油脂类食品(如油炸小食品、坚果制品、方便面、膨化食品等)，需要使用有机溶剂先提取油脂。

(2) 对含油脂少的样品(如面包、苏打饼干等)，应加大取样量至 250～300 g；对中等油脂含量和高脂食品，取样量分别为 100 g、50 g；对含水量较高的食品，可加入无水硫酸钠脱水后再提取油脂；对于易结块样品，可加入 4～6 倍海砂混匀后再提取油脂。

(3) 计算结果保留三位有效数字。在重复性条件下获得的两次独立测定结果的绝对差值不得超过算术平均值的 10%。

6. 结果分析

按表 15-1 记录食品羰基价测定的相关实验数据。

表 15－1　食品中羰基价测定的数据记录表

	实验序号	油样质量/g	吸光度/$A_{440\ nm}$
空白	1		
	2		
	3		
样品	1		
	2		
	3		

样品的羰基价计算公式如下：

$$X = \frac{A}{854 \times m} \times 1\,000$$

式中　X——样品的羰基价(以油脂计)，meq/kg；

A——测定时样液的吸光度；

854——各种醛的毫克当量吸光系数的平均值；

m——油样质量，g；

1 000——单位换算系数。

7. 思考讨论

(1) 对于易结块样品为什么要加入海砂混匀?

(2) 对油脂含量少的样品，为何称取量要达到油样的千倍以上?

(3) 简述实验心得体会。

实验十六

食用油脂中极性组分的测定

1. 目的和意义

目的： 掌握用柱层析法测定食用油脂中的极性组分。

意义： 油脂的极性组分通常是指非甘油三酯类的弱极性和极性化合物，包括甘油一酯、甘油二酯、游离脂肪酸、氧化甘油三酯及其聚合物等，特别地，食品在加热、高温油炸等过程中，会发生聚合、氧化和水解等化学反应，导致极性化合物的大量形成。因此，多个国家和地区的食品安全标准均限定了煎炸油的极性组分含量。

2. 实验依据[25]

原理： 油脂样品可以分为非极性组分和极性组分两部分，通过柱层析，二者被分离，其中的非极性组分首先被洗脱，洗脱液蒸干溶剂后称重，油脂样品质量扣除非极性组分质量后得到极性组分的质量，极性组分的质量占油脂样品的百分比即为油脂的极性组分含量(百分数)。

3. 材料与设备

1) 材料与试剂

材料： 起酥油，煎炸油，餐厨废油。

试剂： 柱层析吸附剂(硅胶 60，SiO_2，粒径为 0.063～0.200 mm，孔径为 6 nm，孔体积为 0.74～0.84 mL/g，比表面积为 480～540 m^2，pH 为 6.5～7.5，水分含量为 4.4%～5.4%)，非极性组分洗脱液(870 mL 石油醚＋130 mL 乙醚，现配)，薄层色谱展开剂(70 mL 石油醚＋30 mL 乙醚＋2 mL 冰醋酸，现配)，薄层色谱显色剂(称取 100 g 磷钼酸，用 95%乙醇稀释至 1 000 mL，分装入喷雾瓶)，薄层色谱层析板 (200 mm×100 mm的玻璃板，上涂一层 0.21～0.27 mm 厚的硅胶 60)，海砂(化学纯)。

2) 仪器与设备

量筒(50 mL，250 mL，1 000 mL)，烧杯(50 mL)，容量瓶(50 mL，1 000 mL)，玻璃层析柱(内径为 21 mm，长为 450 mm，下部有聚四氟乙烯阀门和砂芯筛板)，圆底烧瓶(250 mL)，分析天平，旋转蒸发仪，真空干燥机，烘箱，干燥器。

4. 实验步骤

食用油脂极性组分测定的具体操作步骤如图 16－1 所示。

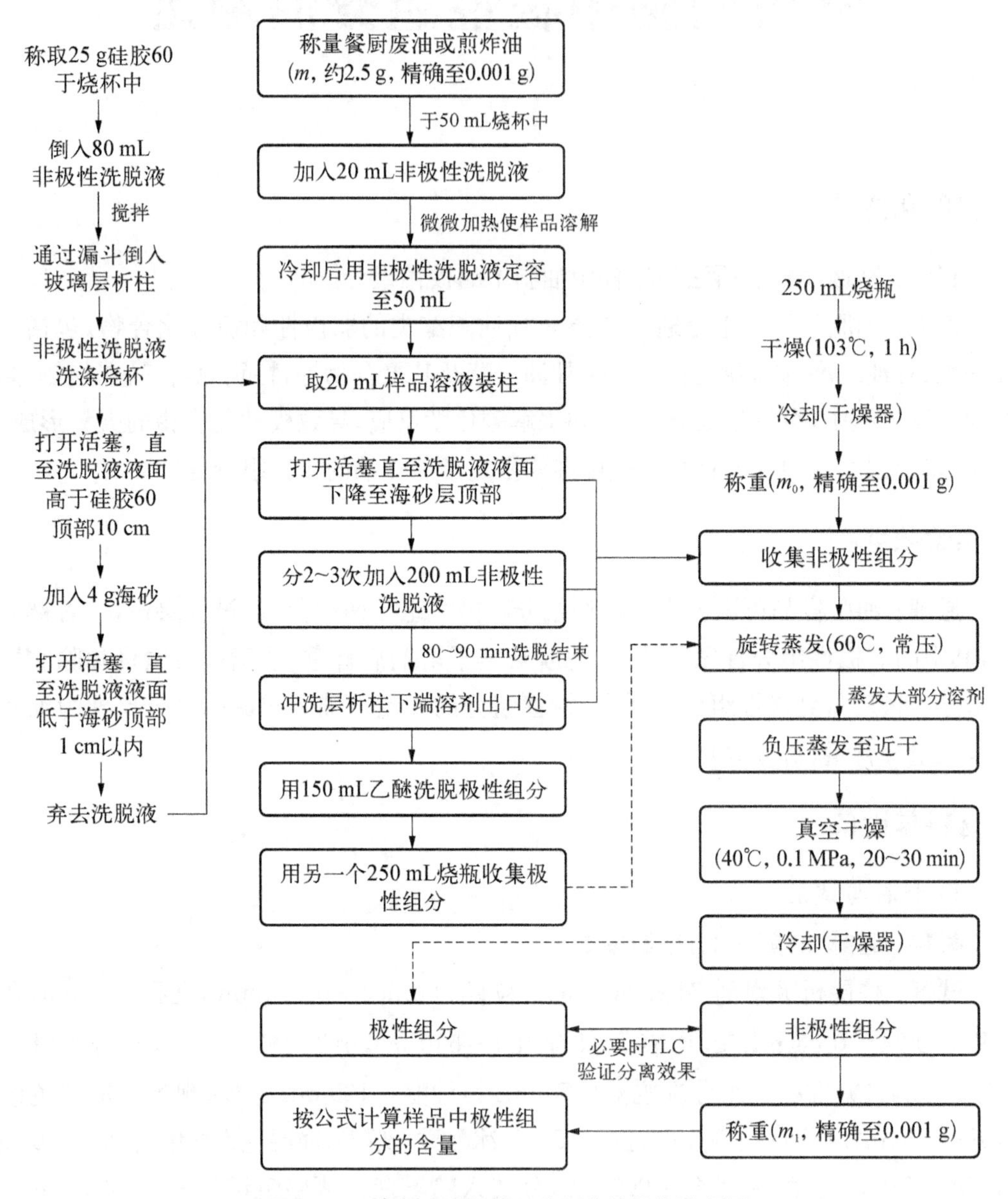

图 16－1　食用油脂极性组分测定的操作流程图

5. 注意事项

（1）本法适用于食用油脂中极性组分含量的测定。

（2）进行柱层析操作时，实验的环境温度应不高于 25℃；采用薄层色谱法（TLC）

对分离制备的非极性组分和极性组分的分离效果进行验证时，可参考《食品安全国家标准　食用油中极性组分(PC)的测定》(GB 5009.202—2016)的附录 B。

(3) 计算结果以重复性条件下获得的两次独立测定结果的算术平均值表示，保留至小数点后一位。当极性组分含量≤20%时，在重复条件下获得的两次独立测定结果的绝对差值不得超过算术平均值的 15%；当极性组分含量>20%时，在重复条件下获得的两次独立测定结果的绝对差值不得超过算术平均值的 10%。

6. 结果分析

按表 16-1 记录食用油脂极性组分测定的相关实验数据。

表 16-1　食用油脂极性组分测定的数据记录表

实验序号	样品称样量/g	烧瓶质量/g	烧瓶+非极性组分的质量/g
1			
2			

油脂中极性组分含量的计算公式如下：

$$X = 100 - \frac{m_1 - m_0}{m} \times 100\%$$

式中　X ——油脂样品的极性组分含量；

m_0——空白 250 mL 烧瓶的质量，g；

m_1——蒸干溶剂后，250 mL 烧瓶和非极性组分的总质量，g；

m ——上样检测的油脂样品的质量(本实验为称样量的 2/5)，g。

7. 思考讨论

(1) 通过查找文献，比较我国与其他国家和地区中关于极性组分的限量标准。

(2) 极性组分进一步分离测定可以使用什么方法？

(3) 简述实验心得体会。

实验十七

食用油脂中丙二醛的测定

1. 目的和意义

目的： 掌握用分光光度法测定食用油脂中丙二醛的含量。

意义： 油脂在光、热、氧等的作用下，会发生氧化酸败，产生醛等低分子次级氧化产物，丙二醛是油脂氧化变质过程中的标志性产物之一。对油脂中的丙二醛进行检测，能较好地反映其酸败变质的程度。

2. 实验依据——分光光度法[26]

原理： 油脂氧化产生的丙二醛，可以用三氯乙酸溶液提取，再与硫代巴比妥酸(TBA)反应，生成的粉红色化合物可在 532 nm 波长处测定吸光度，通过与标准系列比较，得到丙二醛的含量。

3. 材料与设备

1) 材料与试剂

材料： 冷榨亚麻籽油，紫苏油，花生油。

试剂： 三氯乙酸混合液(37.50 g 三氯乙酸＋0.50 g 乙二胺四乙酸二钠 $C_{10}H_{14}N_2Na_2O_8 \cdot 2H_2O$，用水定容至 500 mL)，硫代巴比妥酸(TBA)溶液(0.02 mol/L，0.288 g 硫代巴比妥酸用水定容至 100 mL)，丙二醛标准储备液(100 μg/mL，1，1，3，3-四乙氧基丙烷 0.315 g，CAS 号 122-31-6，纯度≥97%，用水定容至 1 000 mL，4℃储存，有效期 3 个月)，丙二醛标准使用溶液(1.00 μg/mL，吸取丙二醛标准储备液 1.00 mL，用三氯乙酸混合液定容至 100 mL，4℃储存，有效期 2 周)，丙二醛标准系列溶液(分别吸取丙二醛标准使用液 0.10 mL、0.50 mL、1.0 mL、1.5 mL、2.5 mL，用三氯乙酸混合液定容至 10 mL，所得浓度分别为 0.01 μg/mL、0.05 μg/mL、0.10 μg/mL、0.15 μg/mL、0.25 μg/mL)，慢速定量滤纸。

2) 仪器与设备

量筒(50 mL)，容量瓶(10 mL，100 mL，500 mL，1 000 mL)，具塞锥形瓶(100 mL)，具塞试管(25 mL)，漏斗，烧杯(100 mL)，分析天平，恒温振荡器，恒温水浴锅，分光光度计。

4. 实验步骤

分光光度法测定食用油脂中丙二醛的具体操作步骤如图 17 - 1 所示。

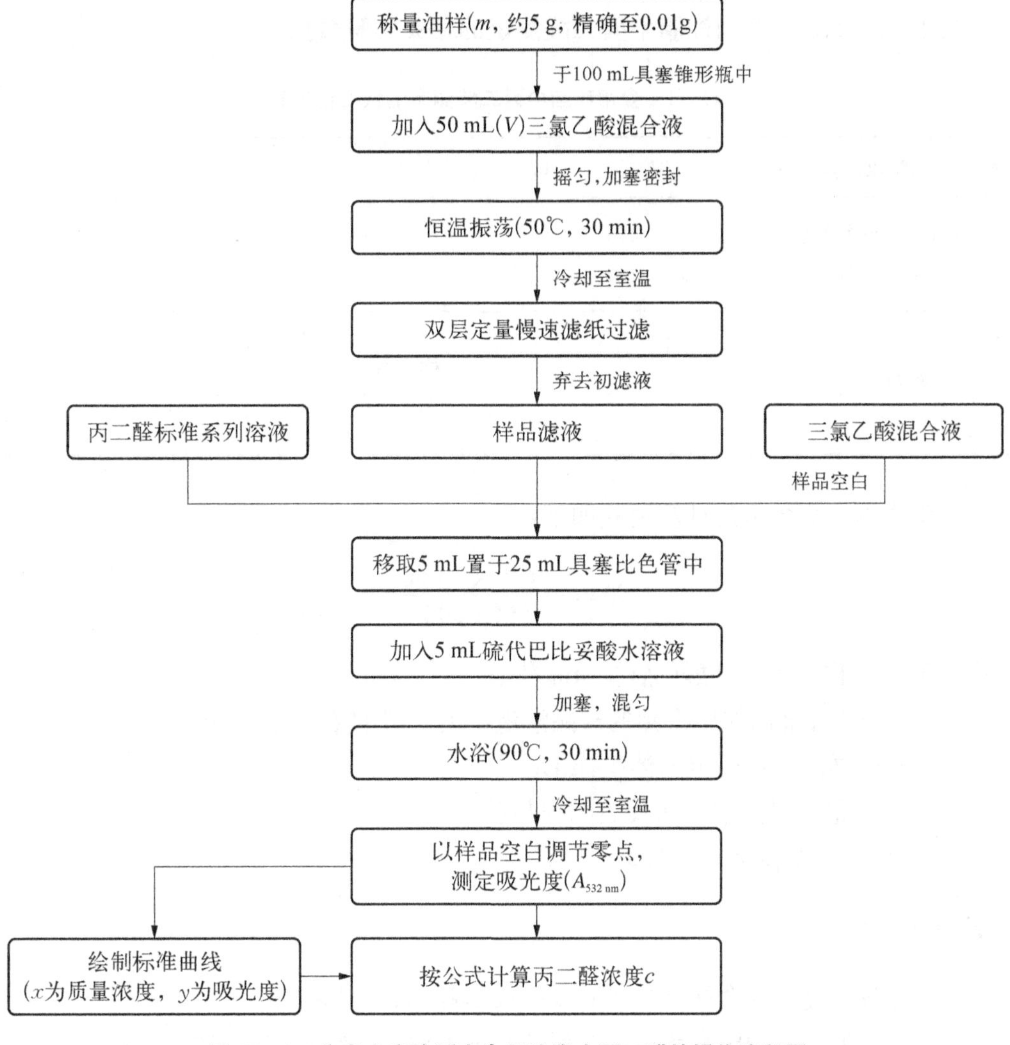

图 17 - 1　分光光度法测定食用油脂中丙二醛的操作流程图

5. 注意事项

(1) 本法适用于食用油脂中丙二醛的测定。

(2) 配制硫代巴比妥酸水溶液时,如不易溶解,可加热超声至全部溶解,冷却后定容。

(3) 计算结果以重复性条件下获得的两次独立测定结果的算术平均值表示,结果保留两位有效数字。在重复性条件下获得的两次独立测定结果的绝对差值不得超过算术平均值的 10%。

(4) 此方法检出限为 0.05 mg/kg,定量限为 0.10 mg/kg。

6. 结果分析

按表 17-1 记录食用油脂中丙二醛测定的相关实验数据。

表 17-1 食用油脂中丙二醛测定的数据记录表

标准系列浓度/(μg/mL)	0.01	0.05	0.10	0.15	0.25
标准系列吸光度 标准曲线					
样品吸光度	1 2 3		样品浓度/(μg/mL)	1 2 3	

油脂中丙二醛含量的计算公式如下:

$$X = \frac{c \times V \times 1\,000}{m \times 1\,000}$$

式中 X ——样品中丙二醛的含量,mg/kg;

c ——从标准曲线中得到的样品溶液中丙二醛的浓度,μg/mL;

V ——样品溶液的定容体积,mL;

m ——最终样品溶液所代表的样品质量,g;

1 000 ——单位换算系数。

7. 思考讨论

(1) 在我国食品安全标准中,油脂中丙二醛的限量是多少?

(2) 列举另一种测定油脂中丙二醛含量的方法,并比较其与本法的异同。

(3) 简述实验心得体会。

实验十八

食用油脂中溶剂残留量的测定

1. 目的和意义

目的：掌握用气相色谱法测定食用油脂中溶剂的残留量。

意义：食用植物油溶剂残留是指采用浸出法制取的成品油脂中所残存的生产性溶剂或助剂。目前，我国浸出法制油大多采用以正己烷为主要成分的“六号溶剂”，还有的采用丁烷、戊烷、乙醇、甲醇等有机溶剂或助剂。这些有机溶剂在商品油脂中的残留量如果超标，不仅降低油脂品质，也会严重危害消费者的身体健康。因此，油脂中有机溶剂残留量的检测既是相关企业控制油脂品质的必要手段，又是食品安全监管检测的重要事项之一。

2. 实验依据——气相色谱法[27]

原理：油脂样品中残存的有机溶剂，通常容易挥发，在密闭容器中会扩散并逐渐达到气相、液相间浓度的动态平衡，采用顶空-气相色谱法可以检测容器上层气相中的溶剂残留，最后计算得到待测样品中溶剂残留的百分含量。

3. 材料与设备

1）材料与试剂

材料：精炼大豆油，精炼菜籽油，精炼葵花籽油。

试剂：正庚烷标准工作液（吸取 1 mL 正庚烷，迅速用 *N*，*N*-二甲基乙酰胺定容至 10 mL），六号溶剂标准溶液（10 mg/mL，溶剂为 *N*，*N*-二甲基乙酰胺），基体植物油标准溶液（称量 5.00 g 基体植物油 6 份于 20 mL 顶空进样瓶，分别加入 5 μL 正庚烷标准工作液，即内标含量 68 mg/kg，轻微摇匀后，再用微量注射器加入 0 μL、5 μL、10 μL、25 μL、50 μL、100 μL 六号溶剂标准品，所得六号溶剂浓度分别为 0 mg/kg、10 mg/kg、20 mg/kg、50 mg/kg、100 mg/kg、200 mg/kg）。

2）仪器与设备

移液管（1 mL），顶空进样瓶（20 mL），容量瓶（10 mL），微量注射器（10 μL、25 μL、50 μL、100 μL、250 μL、500 μL），分析天平，气相色谱仪（氢火焰离子化检测器），超声波振荡器。

4. 实验步骤

溶剂残留量测定的具体操作步骤如图 18-1 所示。

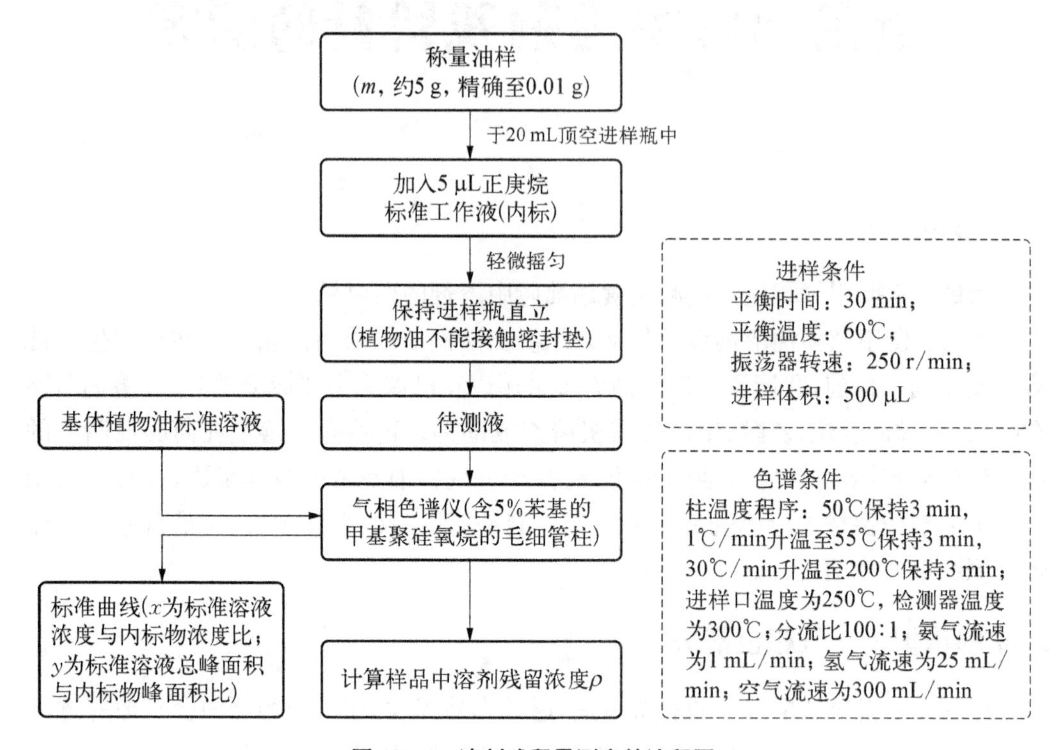

图 18-1　溶剂残留量测定的流程图

5. 注意事项

(1) 本法适用于采用有机溶剂提取的食用植物油脂中溶剂残留量的测定。

(2) 基体植物油是指和被检测样品同一种属，经过脱臭脱色等精炼工序得到的精制植物油或在室温下经超声波脱气的植物油，基体植物油溶剂残留量应低于检出限。

(3) 在配制基体植物油标准溶液时，加入六号溶剂标准品后，保持顶空进样瓶直立，并在水平桌面上做快速的圆周转动，使物质充分混合。转动过程中基体植物油不能接触密封垫。

(4) 本实验气相色谱图可参比《食品安全国家标准　食品中溶剂残留量的测定》(GB 5009.262—2016)的附录 A。

(5) 计算结果保留三位有效数字。在重复性条件下获得的两次独立测定结果的绝对差值不得超过算术平均值的 10%。

(6) 本法植物油中溶剂残留的检出限为 2 mg/kg，定量限为 10 mg/kg。

6. 结果分析

按表 18－1 记录食用油脂中溶剂残留量测定的相关实验数据。

表 18－1　食用油脂中溶剂残留量测定的数据记录表

实验序号	标准曲线	溶剂残留浓度/(mg/kg)
1		
2		
3		

样品中溶剂残留含量的计算公式如下：

$$X = \rho$$

式中　X ——样品中溶剂残留的含量，mg/kg；

ρ ——由标准曲线得到的样品溶液中溶剂残留的浓度，mg/kg。

7. 思考讨论

(1) 在我国食品安全标准中，溶剂残留量的限量是多少？

(2) 六号溶剂中主要含有哪些成分？

(3) 简述实验心得体会。

第三篇

食品物理特性的测定

实验十九

食品色泽的测定

1. 目的和意义

目的：掌握用罗维朋比色计法测定食品的色泽。

意义：食品的颜色决定了食品的视觉价值，对食品的质量评定和消费喜好起决定作用。通过色泽的测定，用数据语言定量表征食品的颜色，可以了解食品的纯度、加工精度和贮藏变化。因此，测定食品的色泽成为快速判定食品质量的重要手段之一。

2. 实验依据——罗维朋比色计法[28]

原理：把同一视场两部分的颜色视觉效应调节到相同或相等的方法叫颜色匹配。在同一光源下，由透过已知光程的液态食品的光的颜色与透过标准玻璃色片的光的颜色进行颜色匹配，通过调节罗维朋比色计的红、黄、蓝色标准颜色色阶玻璃片，用目视比色法与样品的色泽进行比较，直至二者的色泽相当，记录标准颜色色阶玻璃片上的数字，作为食品的色值或罗维朋色值。

罗维朋比色计由比色槽、比色槽托架、碳酸镁反光片、乳白灯泡、观察管，以及红、黄、蓝、灰色四色标准颜色色阶玻璃片组成。其中，红、黄、蓝三色玻璃片各分为三组，红、黄色号码由 0.1～70 组成，蓝色号码由 0.1～40 组成；灰色玻璃片分为两组，号码由 0.1～3 组成。根据三原色的成色原理，对实验得到的色值进行简单计算可对此样品的颜色命名（见图 19－1）。

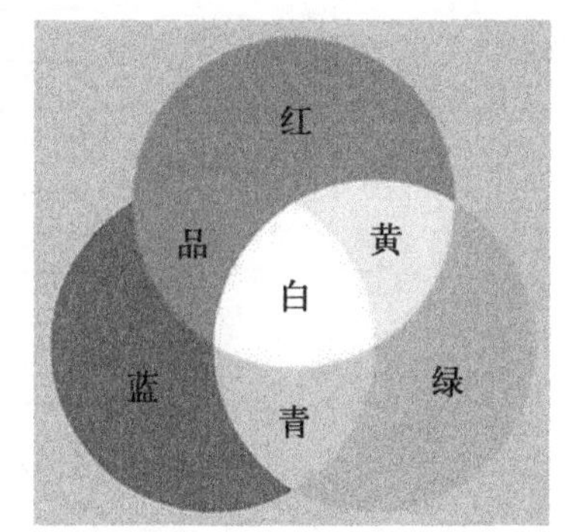

图 19－1 颜色命名

3. 材料与设备

1）材料与试剂

材料：食用植物油，各种颜色的透明饮料等。

试剂：无水乙醚或乙醇。

2）仪器与设备

罗维朋比色计（含罗维朋比色皿和色片支架，见图 19－2）。

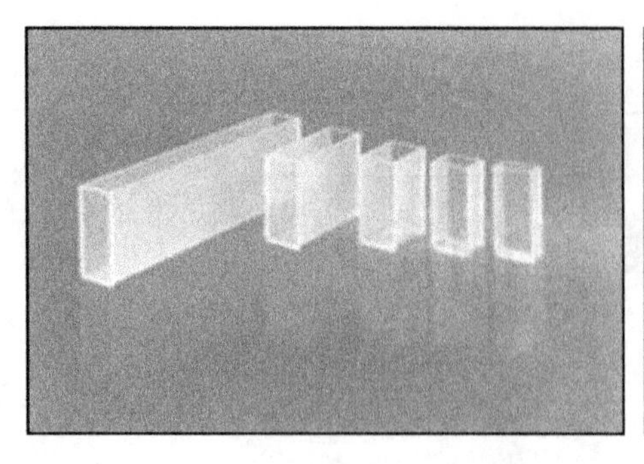
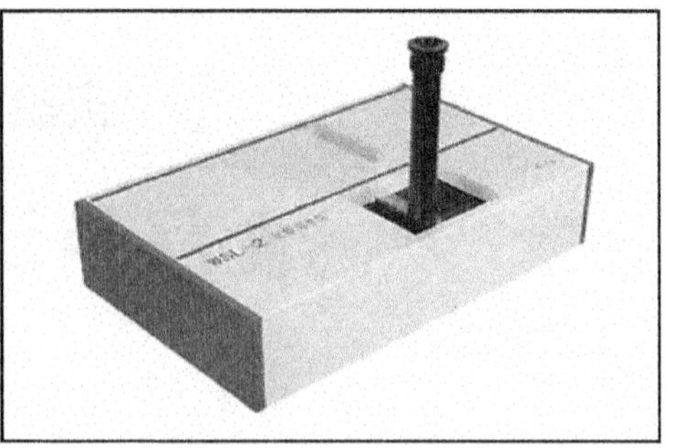

图 19－2　罗维朋比色皿(左)和罗维朋比色计(右)

4. 实验步骤

罗维朋比色计法测定食品色泽的具体操作步骤如图 19－3 所示。

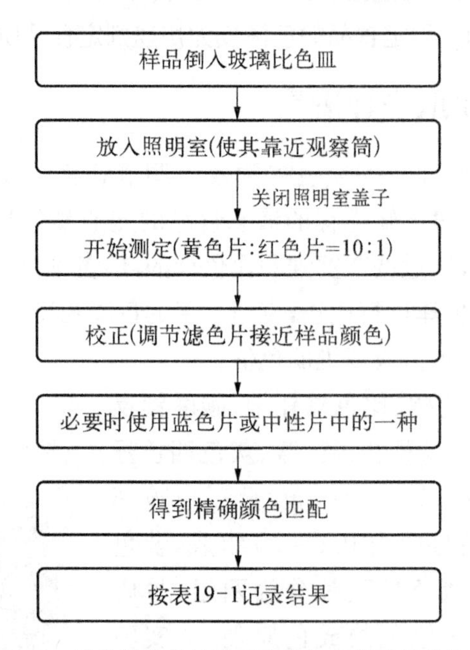

图 19－3　罗维朋比色计法测定食品色泽的操作流程图

5. 注意事项

(1) 测定其他食品色泽时，与本操作图步骤类似。注意当三种颜色(红、黄、蓝)均用于调色时，中性灰不可使用。使用中，蓝色值不应超过 9.0，中性色值不应超过 3.0。

(2) 检测应在光线柔和的环境内进行，色度计不可面向窗口或受阳光直射。

(3) 本测定须由两个操作者经过训练之后完成，每个操作者每次观察比色 30 s 后，应离开目镜至视感复原后，再行观测或由合作者替换观测并取其平均值作为测定结果。如果两人的测定结果差别太大，必须找第三个操作者再次测定，然后取三人测定值中最接近的两个测定值的平均值作为最终测定结果。

6. 结果分析

举例：

(1) 某样品 1 测得的数据为红色 14.1，黄色 1.9，灰色 0.1，灰色值为亮度值，则亮度为 0.1，红色和黄色的加和颜色为橙色，且两者都含有 1.9，则橙色为 1.9，此时红色剩余 12.2，即为红色值，则该样品颜色为明红橙色。

(2) 某样品 2 测得的数据为红色 10.5，黄色 7.2，蓝色 3.1，最小的数值“蓝色 3.1”为暗度，减去暗度，余下红色 7.4，黄色 4.1，两者都含有 4.1，且红色和黄色的加和颜色为橙色，则橙色为 4.1，红色仍剩余 3.3，则该样品的颜色为暗红橙色。

按表 19-1 记录的样品 1 和样品 2 的表述方式，记录食品色泽测定的相关实验结果。

表 19-1　食品色泽的测定数据及结果记录表

试样	比色皿长度/mm	罗维朋比色值				六色表示值								颜色命名
		红	黄	蓝	灰	亮度	暗度	红	橙	黄	绿	蓝	紫	
1	25.4	14.1	1.9	—	0.1	0.1	—	12.2	1.9	—	—	—	—	明红橙色
2	25.4	10.5	7.2	3.1	—	—	3.1	3.3	4.1	—	—	—	—	暗红橙色

7. 思考讨论

(1) 简述其他测定食品色泽的定性和定量方法。

(2) 食品色泽的主要来源有哪些，受哪些因素影响？

(3) 简述实验心得体会。

实验二十

液态食品相对密度的测定

1. 目的和意义

目的： 掌握用各种简易仪器测定不同液态食品相对密度和特定浓度的方法。

意义： 液态食品的相对密度反映了其固形物的种类和含量，当其所含固形物的成分及浓度发生变化时，相对密度也随之改变。许多新鲜的液态食品原料（如各种植物油脂、牛奶、蜂蜜、果葡糖浆等）的相对密度值有一个固定范围。因此，测定液态食品的相对密度，既可用来检验食品的纯度或浓度，又可以用于判别食品是否变质或掺假。通过测定乳稠度、酒精度可以分别了解液态乳和白酒的浓度。

2. 实验依据[29]

原理： 密度是指单位体积中的物质质量，以 ρ 表示，单位为 g/mL。相对密度即物质的质量与同体积同温度纯水质量的比值，用 d 表示，是一个无量纲的物理概念。采用密度瓶、韦氏相对密度天平、密度计法等可测定液态食品的相对密度。三种方法的具体原理分述如下。

1）密度瓶法

在 20℃时，分别测定充满同一密度瓶的水及样品的质量，由水的质量可确定密度瓶的容积即样品的体积，根据样品的质量及体积，可计算样品的密度，样品的密度与水的密度的比值为样品的相对密度。

2）韦氏相对密度天平法

在 20℃时，分别测定韦氏相对密度天平装置[参见《食品安全国家标准　食品相对密度的测定》（GB 5009.2—2016）]玻锤在水及样品中的浮力，由于玻锤所排开水的体积与排开样品的体积相同，根据玻锤在水中与在样品中的浮力，可计算样品的密度，样品的密度与水的密度的比值为样品的相对密度。

3）密度计法

本法利用了阿基米德原理，将样品倒入一个较高的容器，再将密度计放入液体中。密度计下沉到一定高度后呈漂浮状态，此时液面的位置在玻璃管上所对应的刻度就是该液体的密度值，该值与水的密度的比值即为样品的相对密度。

3. 材料与设备

1) 材料

鲜牛奶,奶粉(全脂、脱脂),白酒,黄酒,盐,酱油(老抽、生抽),食用植物油,果汁饮料。

2) 仪器与设备

密度瓶(普通密度瓶,温度计密度瓶),液体密度天平,密度计[普通相对密度计,专用相对密度计(包括糖度计、乳稠计、酒精计等)],恒温水浴锅。部分仪器如图 20-1 所示。

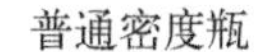
普通密度瓶

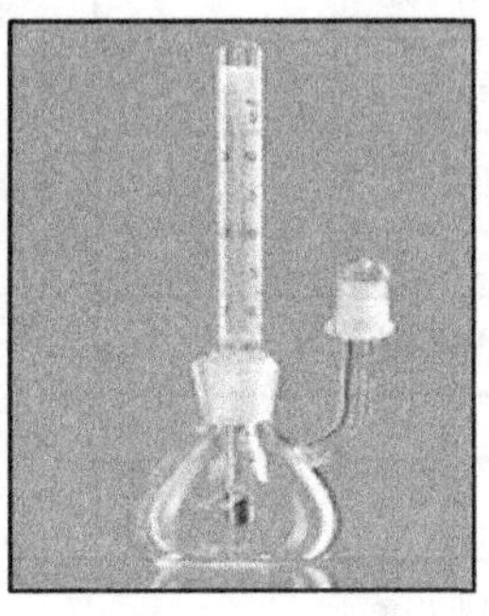
带温度计密度瓶

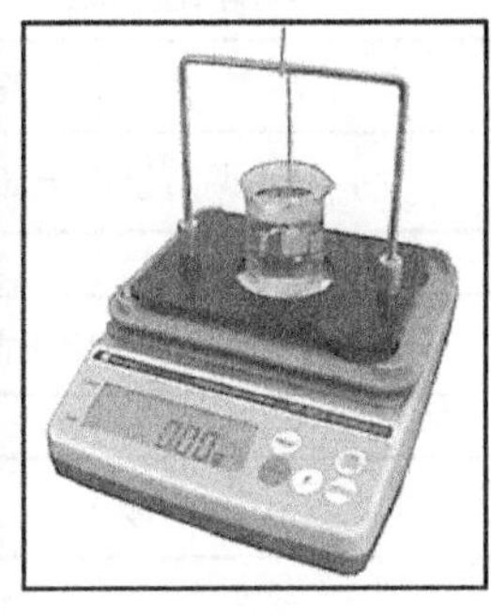
液体密度天平

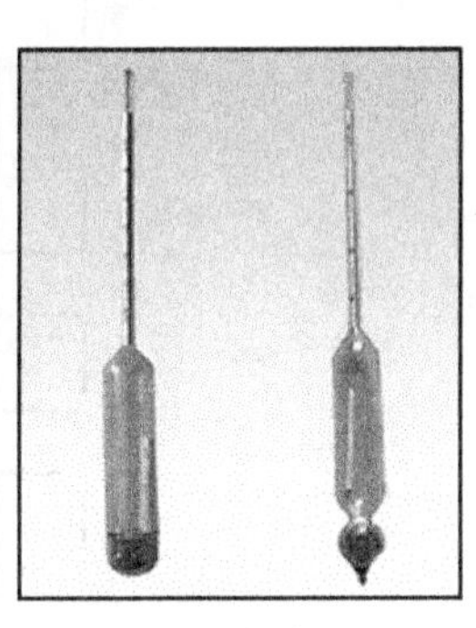
密度计

图 20-1 液态食品相对密度测定的相关仪器

4. 实验步骤

三种方法测定液态食品相对密度的具体操作步骤如图 20-2、图 20-3 和图 20-4 所示。

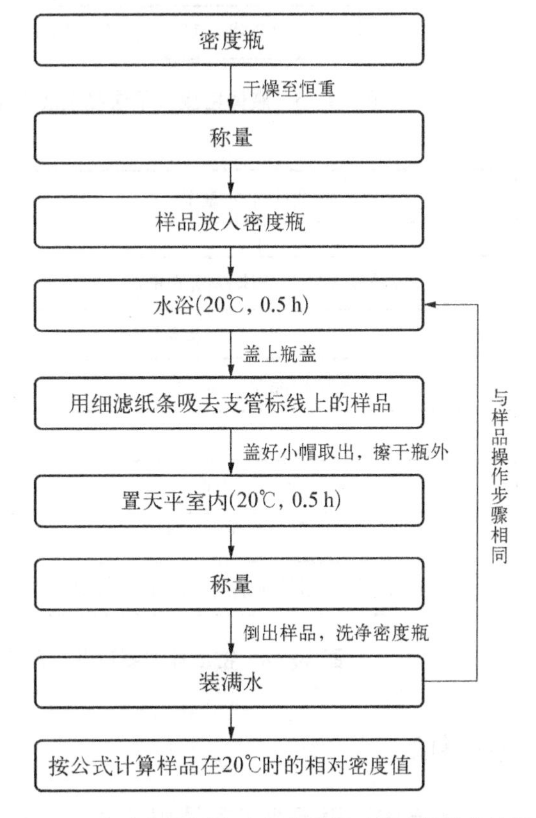

图 20-2 密度瓶法测定液态食品相对密度的操作流程图

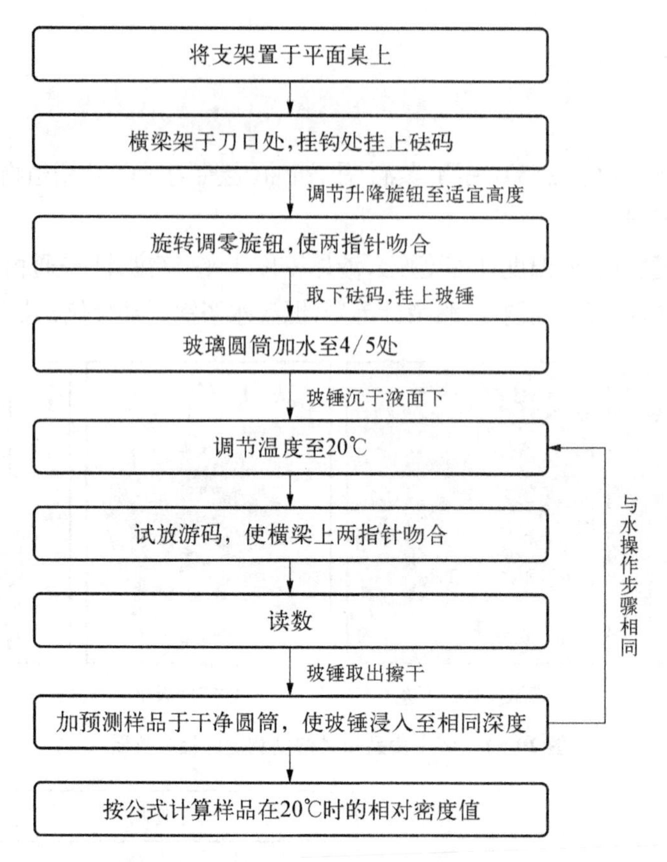

图 20-3　液体密度天平法测定液态食品相对密度的操作流程图

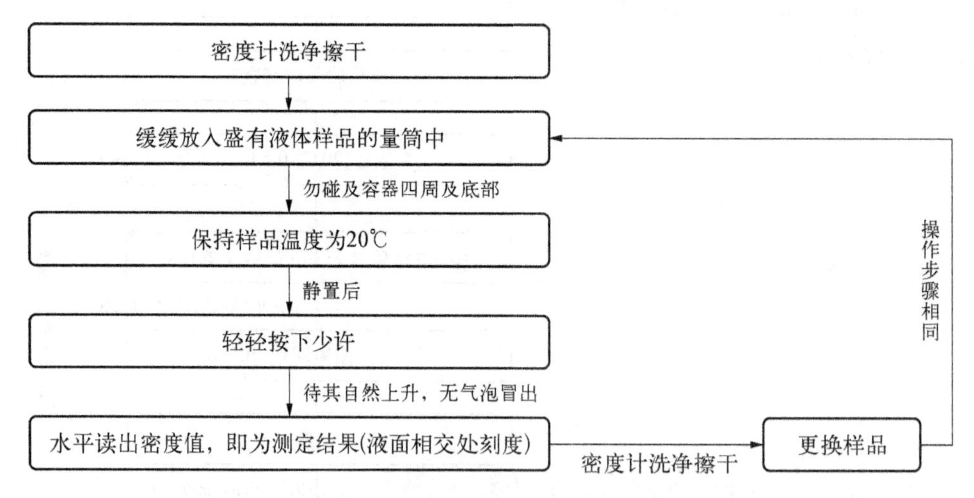

图 20-4　密度计法测定液态食品相对密度的操作流程图

5. 注意事项

(1) 本方法适用于液态食品相对密度的测定。

(2) 在使用密度瓶法测定较黏稠样液时，宜使用具有毛细管的密度瓶。玻锤放入圆筒内时，勿碰及圆筒四周及底部。密度瓶内不应有气泡。

(3) 使用专用密度计测定样品时，通常应先选择最小刻度的密度计，依次测试（个别密度计应先选择刻度最大的，如酒精计或酒度计）。使用密度计时应该缓缓放入，手感有漂浮阻力时再松开手，切不可猛然放入导致密度计尖锤坠底破损。

(4) 计算结果表示到小数点后三位（精确到 0.001）。在重复性条件下获得的两次独立测定结果的绝对差值不得超过算术平均值的 5%。

(5) 酒度计不能用于测定含糖量高的黄酒。乳稠计左边的刻度为乳稠度，右边的刻度为对应的相对密度。

(6) 所有密度计和专用测定计在使用前必须保持清洁，浮计干管与液面接触处必须有良好的弯月面。

(7) 附有温度计的浮计的温度允许误差为±1 个最小分度。液体温度与标准温度不一致时必须进行读数校正。

6. 结果分析

按表 20-1、表 20-2 和表 20-3 记录液态食品相对密度测定的相关实验数据。

1) 密度瓶法

表 20-1　密度瓶法测定液态食品相对密度的数据记录表

样　品	密度瓶加样品的质量/g			
	第 1 次	第 2 次	第 3 次	平均值
水				

样品在 20℃时的相对密度计算公式如下：

$$d = \frac{m_2 - m_0}{m_1 - m_0}$$

式中　d ——样品在 20℃时的相对密度；

m_0——密度瓶的质量，g；

m_1——密度瓶加水的质量，g；

m_2——密度瓶加液体样品的质量，g。

2）液体密度天平法

表 20-2 液体密度天平法测定液态食品相对密度的数据记录表

样 品	游码读数/g			
	第 1 次	第 2 次	第 3 次	平均值
水				

样品在 20℃时的相对密度计算公式如下：

$$d = \frac{P_2}{P_1}$$

式中 d ——样品在 20℃时的相对密度；

P_1——玻锤浸入水中时游码的读数，g；

P_2——玻锤浸入样品中时游码的读数，g。

3）密度计法

表 20-3 密度计法测定液态食品相对密度的数据记录表

样 品	密度计种类	测定结果			
		第 1 次	第 2 次	第 3 次	平均值
水					
	相对密度计				
	糖度计				
	乳稠计				
	酒精计				

样品在 20℃时的相对密度计算公式如下：

$$d = \frac{\rho_2}{\rho_1}$$

式中 d ——样品在 20℃时的相对密度；

ρ_1——密度计所测水的密度，g/cm^3

ρ_2——密度计所测样品的密度，g/cm^3。

7. 思考讨论

（1）使用相对密度计时，有哪些注意事项？是否可以用酒精计测定黄酒的酒精度？为什么？

（2）生抽酱油和老抽酱油的密度差异原因是什么？

（3）简述实验心得体会。

实验二十一

五种仪器对食品典型物理特性的测定

一、液态食品折光指数和固形物含量的测定

1. 目的和意义

目的: 掌握用阿贝折光计和手提折光计测定液态食品折光指数和固形物含量的方法。

意义: 通过折射率的测定,可以初步鉴别食品的纯度。对于各类饮料、糖水罐头、食用植物油脂、蜂蜜等,可以通过测定样品的折光指数初步判别样品的真伪,是食品快速检测的重要手段和依据之一。

2. 实验依据[30]

原理: 折光指数是指一定波长的光线在真空中的传播速度与其在该介质中传播速度的比率。在规定温度下,用折光仪可以测定液态食品的折光指数。溶液的折光指数随浓度增大而递增。折光指数大小取决于物质的性质,对于同一种物质,其折光指数的大小取决于该物质(可溶性固形物)溶液浓度的大小。

折光仪是利用进光棱镜和折射棱镜夹着薄薄的长样液,经过光的折射后,测出样品折射率时得到样液浓度的一种仪器。折光仪主要部分为两块高折射率的直角棱镜,将两对角线平面叠合。两棱镜间互相紧压留有微小的缝隙,待测液体在其间形成一薄层,其中一个棱镜的一面被反射镜反射回来的光照亮。其原理在于,当一束光投在两种不同性质的介质的交界面上时发生折射现象,遵守如下折射定律公式:

$$n=\frac{\sin\alpha}{\sin\beta}=\frac{v_\alpha}{v_\beta}$$

式中,n 为折射率,α 为入射角,β 为折射角;v_α、v_β 分别为光在两种介质中的传播速度。在一定温度下,对于一定的两种介质,此比值是一定的。根据此公式,通过实验测得临界入射角,进而得出折射率。

3. 材料与设备

1) 材料与试剂

材料: 绿茶,冰红茶,澄清果汁,糖水罐头,运动饮料。

试剂：蒸馏水，酒精，脱脂棉，胶头滴管。

2) 仪器与设备

阿贝折光仪，手提折光仪（见图 21-1）。

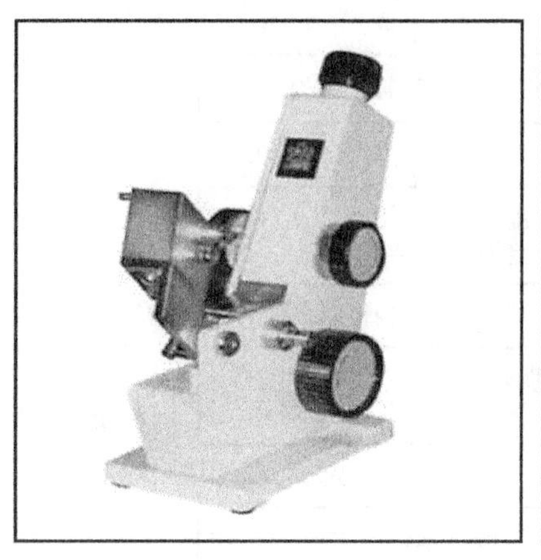

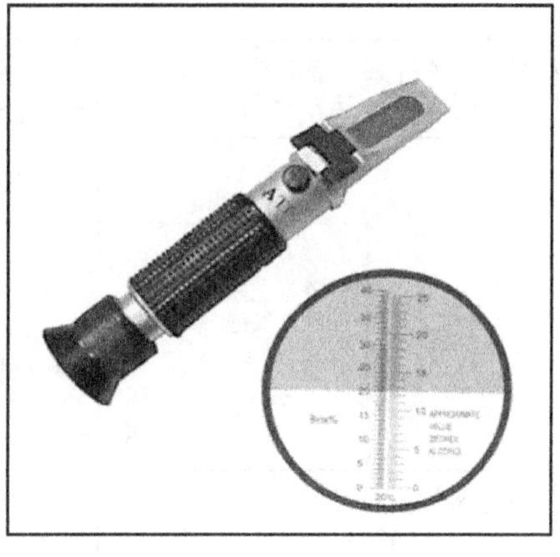

图 21-1　阿贝折光仪（左）和手提折光仪（右）

4. 实验步骤

阿贝折光仪测定液态食品折光指数的具体操作步骤如图 21-2 所示。

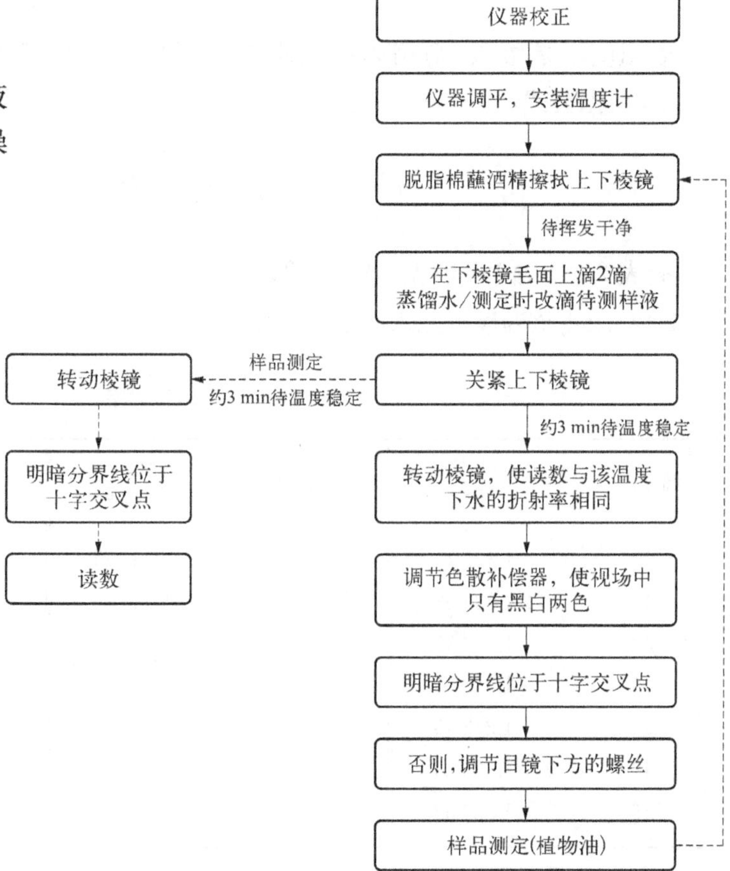

图 21-2　阿贝折光仪测定液态食品折光指数的操作流程图

手提折光仪测定液态食品固形物含量的具体操作步骤如图 21－3 所示。

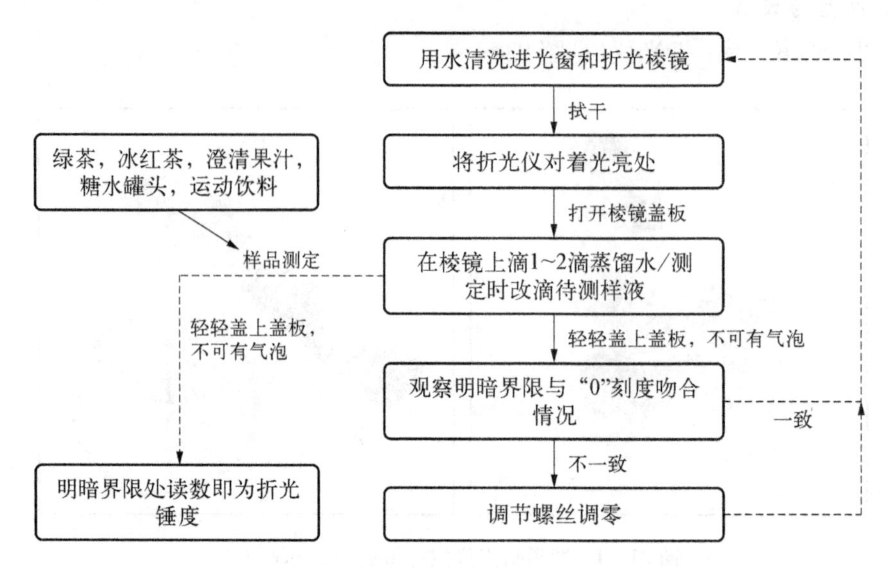

图 21－3　手提折光仪测定液态食品固形物含量的操作流程图

若温度不是整数，则用内插法求对应温度下水的折射率。例如测定温度为 25.6℃，根据公式：

$$n^C = n^A + \frac{n^B - n^A}{B - A} \times (C - A)$$

查表 21－1，代入数据，$A = 25℃$，$B = 26℃$，$C = 25.6℃$，$n^A = 1.332\ 53$，$n^B = 1.332\ 42$，求得该温度下纯水的折射率值 $n^C = 1.332\ 46$。

表 21－1　纯水折射率

温度/℃	纯水折射率	温度/℃	纯水折射率	温度/℃	纯水折射率
10	1.333 71	17	1.333 24	24	1.332 63
11	1.333 63	18	1.333 16	25	1.332 53
12	1.333 59	19	1.333 07	26	1.332 42
13	1.333 53	20	1.332 99	27	1.332 31
14	1.333 46	21	1.332 90	28	1.332 20
15	1.333 39	22	1.332 81	29	1.332 08
16	1.333 32	23	1.332 72	30	1.331 96

根据测得的折光指数，按表 21－2 和表 21－3 查得样品对应的固形物含量。

表 21-2　可溶性固形物对温度的校正表[31]

温度/℃	可溶性固形物含量读数/%									
	5	10	15	20	25	30	40	50	60	70
21	0.07	0.07	0.07	0.07	0.08	0.08	0.08	0.08	0.08	0.08
22	0.13	0.14	0.14	0.15	0.15	0.15	0.15	0.16	0.16	0.16
23	0.20	0.21	0.22	0.22	0.23	0.23	0.23	0.24	0.24	0.24
24	0.27	0.28	0.29	0.30	0.30	0.31	0.31	0.31	0.32	0.32
25	0.35	0.36	0.37	0.38	0.38	0.39	0.40	0.40	0.40	0.40

注：20℃以上加校正值，20℃以下减校正值，参见《罐头食品的检验方法》(GB/T 10786—2006)

表 21-3　折射率与可溶性固形物含量的换算表[31]

折射率 n_D^{20}	可溶性固形物含量/%	折射率 n_D^{20}	可溶性固形物含量/%	折射率 n_D^{20}	可溶性固形物含量/%	折射率 n_D^{20}	可溶性固形物含量/%
1.333 0	0	1.367 2	22	1.407 6	44	1.455 8	66
1.334 4	1	1.368 9	23	1.409 6	45	1.458 2	67
1.335 9	2	1.370 6	24	1.411 7	46	1.460 6	68
1.337 3	3	1.372 3	25	1.413 7	47	1.463 0	69
1.338 8	4	1.374 0	26	1.415 8	48	1.465 4	70
1.340 3	5	1.375 8	27	1.417 9	49	1.467 9	71
1.341 8	6	1.377 5	28	1.430 1	50	1.470 3	72
1.343 3	7	1.379 3	29	1.422 2	51	1.472 8	73
1.344 8	8	1.381 1	30	1.424 3	52	1.475 3	74
1.346 3	9	1.382 9	31	1.426 5	53	1.477 8	75
1.347 8	10	1.384 7	32	1.428 6	54	1.480 3	76
1.349 4	11	1.386 5	33	1.430 8	55	1.482 9	77
1.350 9	12	1.388 3	34	1.433 0	56	1.485 4	78
1.352 5	13	1.390 2	35	1.435 2	57	1.488 0	79
1.354 1	14	1.392 0	36	1.437 4	58	1.490 6	80
1.355 7	15	1.393 9	37	1.439 7	59	1.493 3	81
1.357 3	16	1.395 8	38	1.441 9	60	1.495 9	82
1.358 9	17	1.397 8	39	1.444 2	61	1.498 5	83
1.360 5	18	1.399 7	40	1.446 5	62	1.501 2	84
1.362 2	19	1.401 6	41	1.448 8	63	1.503 9	85
1.363 8	20	1.403 6	42	1.451 1	64		
1.365 5	21	1.405 6	43	1.453 5	65		

5. 注意事项

(1) 每次使用折光仪前，须用纯水加以检查校正。校正完毕后，在测定过程中不允许再调节螺丝。测定前，须将进光棱镜和折射棱镜洗净拭干，溶液中不得存有气泡。

(2) 如果阿贝折光仪的测定温度不在20℃，须按公式换算为20℃时的折光指数。

(3) 在使用折光仪时，对于超出刻度范围的样品，可以进行稀释之后再次测定。折光仪在使用完后必须清洗拭干。

6. 结果分析

按表21-4和表21-5记录液态食品折光指数和固形物含量测定的相关实验数据。

表21-4　阿贝折光仪测定液态食品折光指数和固形物含量的数据记录表

样　品	t(℃)时折射率	20℃时折射率	折光指数	固形物含量
1				
2				
3				

表21-5　手提折光仪测定液态食品固形物含量的数据记录表

样　品	固形物含量(糖度)	
	稀释前	稀释后
1		
2		
3		

阿贝折光仪读数即为测定温度条件下的折光指数。若温度不在20℃，需按下式转换为20℃时的折光指数：

$$n^{20} = n^{t} + 0.000\,38 \times (t - 20)$$

式中　n^{20}——样品在20℃时的折光指数；

n^{t}——样品在t(℃)时测得的折光指数；

t——测定时的样品温度，℃；

0.000 38——样品温度在10～30℃范围内每差1℃时折光指数的校正系数。

7. 思考讨论

(1) 折光仪的使用有哪些注意事项？

(2) 阿贝折光仪和手提折光仪有何异同？

(3) 简述实验心得体会。

二、固体食品质构的测定

1. 目的和意义

目的： 掌握用质构仪测定固体食品质构的原理和方法。

意义： 质构既决定食品的咀嚼感，也反映了食品的组成。固体食品的质构特性对于再加工、贮运、包装和消费人群（如婴幼儿、老年人群、口腔疾病患者等）都十分重要，其软脆程度也代表了不同食品本身的特色。

2. 实验依据

原理： 食品质构是与食品的组织结构及状态有关的物理性质，主要包括：硬度、酥脆性、胶黏性、咀嚼性、黏附性、弹性等。食品的质构通过专门的质构仪进行测定，质构仪是量化和精确的测量仪器，质构仪通过模拟人的触觉，分析检测触觉中的物理特征，精确量化样品的物性特征，质构的客观测定结果用力来表示。这种力是由感应源和探头测定出来的，其设计在于探头可以随主机曲臂做上升或下降运动，主机内部电路控制部分和数据存储器会记录探头运动所受到的力，转换成数字信号显示出来。

3. 材料与设备

1）材料与试剂

材料： 饼干，牛肉干，面包。

试剂： 酒精，蒸馏水。

2）仪器与设备

质构仪及其配件如图 21－4 所示。

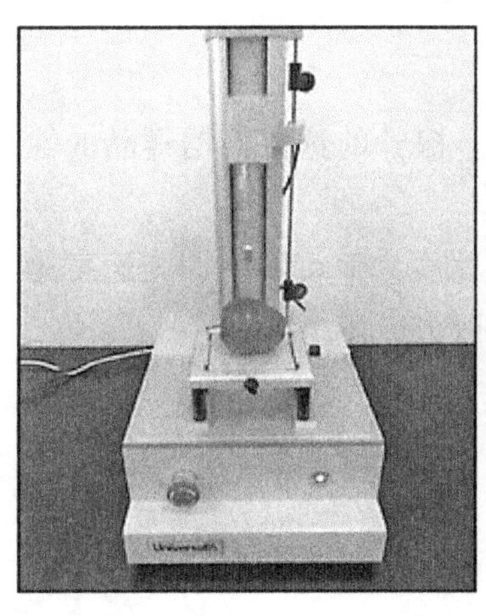

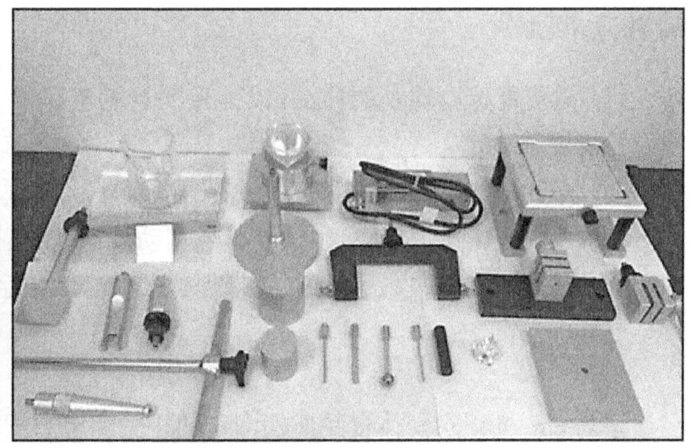

图 21－4　质构仪（左）及其配件（右）

4. 实验步骤

质构仪测定固体食品质构的具体操作步骤如图 21－5 所示。

图 21－5　质构仪测定固体食品质构的操作流程图

5. 注意事项

(1) 尽可能选取均一的样品，以确保测量的准确性。探针的选取根据样品的性质及检测要求决定。

(2) 探针的初始移动速度应小于等于 3 mm/s，测试速度为 2 mm/s，回弹速度为 10 mm/s。出现操作失误时，须按下紧急制动按钮，防止探头损坏。

(3) 样品测定三次取平均值，结果保留两位有效数字。

6. 结果分析

按表 21－6 记录固体食品质构测定的相关实验数据。

表 21-6　固体食品质构测定的数据记录表

样　品	序　号	硬度/N	黏度/(mPa·s)	延展性/mm
饼　干	1			
	2			
	3			
	平均值			
牛肉干	1			
	2			
	3			
	平均值			
面　包	1			
	2			
	3			
	平均值			

7. 思考讨论

(1) 质构测定的各参数之间有何区别与联系?

(2) 在质构的测定过程中导致结果不稳定的因素有哪些?

(3) 简述实验心得体会。

三、食品的热分析(差示扫描量热法)

1. 目的和意义

目的: 掌握差示扫描量热(Differential Scanning Calorimeter, DSC)法的基本原理及其分析食品热特性的方法。

意义: DSC 法可以测定多种热力学和动力学参数,在食品分析中应用十分广泛。DSC 法可以用来测定食品的比热容、反应热、转变热、相图、反应速率、结晶速率、结晶度、样品纯度等,对研究食品蛋白质的变性、淀粉的糊化和回生、脂肪的融化和氧化、食品原料的玻璃化转变等都发挥了巨大作用。

2. 实验依据

原理: DSC 法是指在程序控制温度下,测量输入样品和参比物的功率差(如以热的形式)与温度的关系。这是通过 DSC 仪来实现的,仪器记录的曲线称 DSC 曲线,该曲线以样品吸热或放热的速率,即热流率 dH/dt(单位: mJ/s)为纵坐标,以温度 T

或时间 t 为横坐标，描述食品在不同温度下的焓变，可以确定诸如氧化起始温度和峰值温度、结晶温度及融化温度等。

3. 材料与设备

1）材料

玉米淀粉，花生油，猪肉，蛋清，巧克力等。

2）仪器与设备

铝皿，DSC 仪，压片机，分析天平。

4. 实验步骤

DSC 仪测定食品热特性的具体操作步骤如图 21－6 所示。

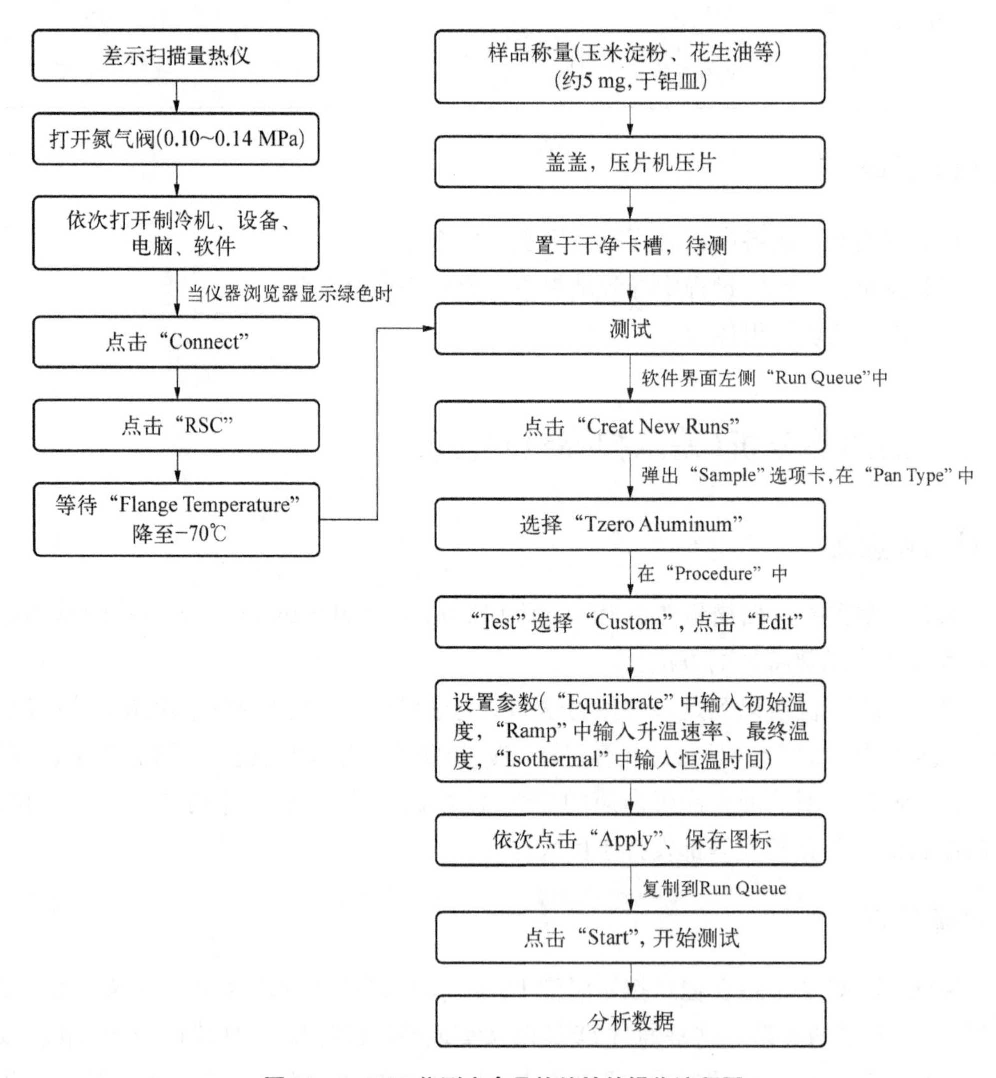

图 21－6　DSC 仪测定食品热特性的操作流程图

不同原料的测试参数如下。

玉米淀粉：加入蒸馏水配制成 30%的淀粉乳，压片后过夜放置，初始温度为 30℃，以 10℃/min 的升温速率升至 150℃，恒温 1 min。

花生油：初始温度为 30℃，以 5℃/min 的速率从 30℃降温至－80℃，恒温1 min，再按同样的速率从－80℃升温至 30℃。

猪肉：初始温度为 30℃，以 5℃/min 的升温速率升至 100℃，恒温 1 min。

蛋清：初始温度为 30℃，以 10℃/min 的升温速率升至 140℃，恒温 1 min。

巧克力：初始温度为 60℃，恒温 30 min，以 5℃/min 的降温速率降至 0℃。

5. 注意事项

(1) 在取样时需要注意铝皿是否有形变的情况，如有形变则需更换。

(2) 关机时，须先关闭冷却装置，待“Flange Temperature”回到室温附近时，再关闭其他装置。

(3) 根据实验目的选择载气，氧化实验载气为氧气(或者空气，或者用氮气作为与氧气的对比)，结晶实验载气为氮气。

6. 结果分析

按表 21 - 7 记录食品热特性测定的相关实验数据。

表 21 - 7　DSC 法测定食品热特性的数据记录表

样　品	实验序号	T_{on}/℃	T_p/℃	T_{end}/℃	ΔH/(J/g)
玉米淀粉	1				
	2				
	3				
	平均值				
花生油	1				
	2				
	3				
	平均值				
猪　肉	1				
	2				
	3				
	平均值				
蛋　清	1				
	2				
	3				
	平均值				

续 表

样　品	实验序号	T_{on}/℃	T_p/℃	T_{end}/℃	ΔH/(J/g)
巧克力	1				
	2				
	3				
	平均值				

7. 思考讨论

(1) 举例说明DSC法在食品测定中的具体应用。

(2) 除了DSC法，热分析还有哪些方法？

(3) 简述实验心得体会。

四、食品粒度的测定

1. 目的和意义

目的： 掌握用激光粒度仪测定食品粒度的原理和方法。

意义： 粒度的测定对颗粒状和液态食品的品质评估具有重要的意义，进而为食品的加工过程提供理论指导。譬如，通过对淀粉粒度的测定，可以反映其结晶性质、糊化性质、消化性质以及热力学性质；通过对饮料等液态食品粒度的测定，可以反映其均一性、稳定性及口感。

2. 实验依据——激光粒度仪法

原理： 本实验粒度的测定采用激光粒度仪，该仪器基于颗粒在各个方向产生的激光散射图样与颗粒粒径大小有关，颗粒的大小可直接通过散射角的大小表现出来，小颗粒对激光的散射角大，大颗粒对激光的散射角小。通过测量不同角度的散射光的强度（不同颗粒散射的叠加），再运用适当的光学模型和数学过程，转换这些量化的散射数据，得到一系列离散的粒径段上的颗粒体积相对于颗粒总体积的百分比，即可获得样品的粒度分布。

3. 材料与设备

1) 材料与试剂

材料： 牛奶，酸奶，花生酱，可溶性淀粉。

试剂： 乙醚，聚氧乙烯山梨醇酐单油酸酯（俗称吐温80）。

2) 仪器与设备

离心管，烧杯，量筒（10 mL，100 mL），玻璃棒，离心机，均质机，纳米激光粒度仪（见图 21－7）。

4. 实验步骤

激光粒度仪法测定食品粒度的具体操作步骤如图 21－8 所示。

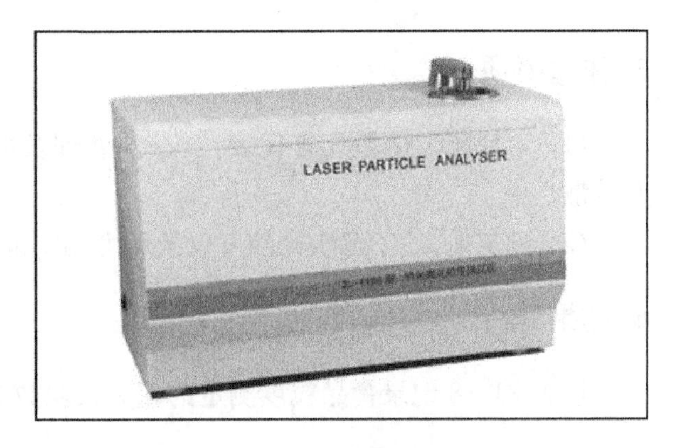

图 21－7　纳米激光粒度仪

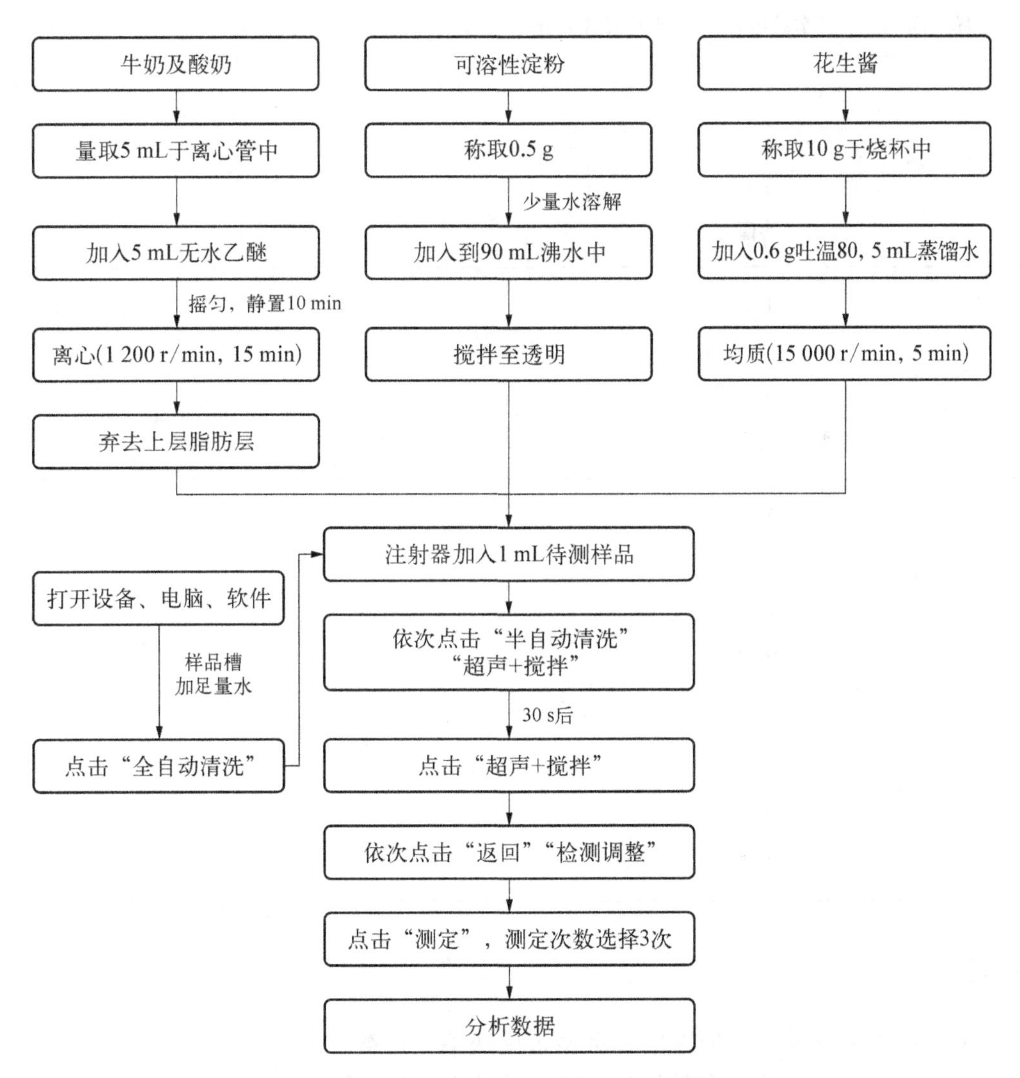

图 21－8　激光粒度仪法测定食品粒度的操作流程图

5. 注意事项

(1) 为使测定结果具有代表性,在预处理及加样时需要注意样品是否完全溶解和分散。

(2) 测定前,须了解激光粒度仪的粒度测定范围。

6. 结果分析

按表 21 - 8 记录食品粒度测定的相关实验数据。

表 21 - 8　食品粒度测定的数据记录表

样　品	实验序号	平均粒度/μm	D_{10}/μm	D_{50}/μm	D_{90}/μm
牛　奶	1				
	2				
	3				
	平均值				
酸　奶	1				
	2				
	3				
	平均值				
花生酱	1				
	2				
	3				
	平均值				
可溶性淀粉	1				
	2				
	3				
	平均值				

7. 思考讨论

(1) 本实验对花生酱粒度的测定是否反映了原料本身的粒度?

(2) 不同粒度的同一食品样品在物化特性上有何异同?

(3) 简述实验心得体会。

五、食品黏度的测定

1. 目的和意义

目的： 掌握用快速黏度分析仪(rapid visco analyser, RVA)法测定食品的黏度。

意义： RVA法是测定食品黏度的常用方法，尤其适用于表征淀粉的糊化特性。RVA具有操作简单、快速升温或冷却、准确调节搅拌器转速等特点。通过对食品黏度的测定，能够了解食品的性能和口感，进一步指导食品的加工和储藏。

2. 实验依据

原理： RVA法可对食品(尤其是淀粉类)匀浆在加热、持续高温和冷却过程中的黏滞力加以测定，不同的品种可获得不同的黏滞性谱，也称RVA谱。

对于淀粉而言，其在水中因加热和冷却而发生的黏度变化，一般均呈现出相同特征的糊化曲线。在测定过程中，黏度开始增加的温度即为糊化温度，随着温度的变化和仪器旋转的剪切力作用，淀粉在水中的黏度发生变化，产生峰值黏度、低谷黏度和最终黏度，其中峰值黏度与低谷黏度的差称为崩解值，最终黏度与低谷黏度的差称为回复值，出现峰值黏度的时间为峰值时间。

3. 材料与设备

1) 材料

小麦粉，玉米淀粉。

2) 仪器与设备

快速黏度分析仪(见图21-9)。

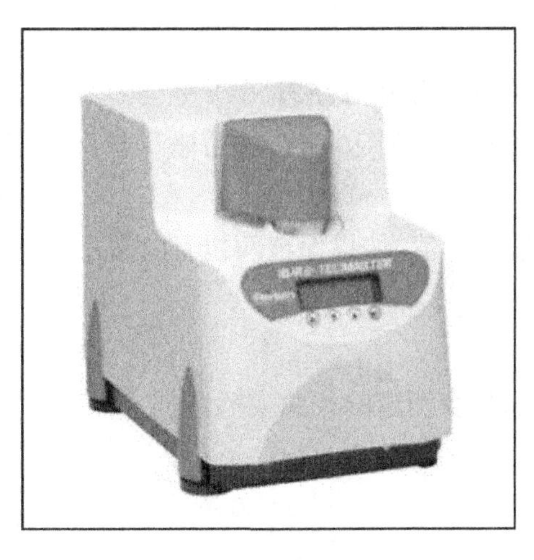

图21-9　快速黏度分析仪

4. 实验步骤

RVA 法测定食品黏度的具体操作步骤如图 21－10 所示。

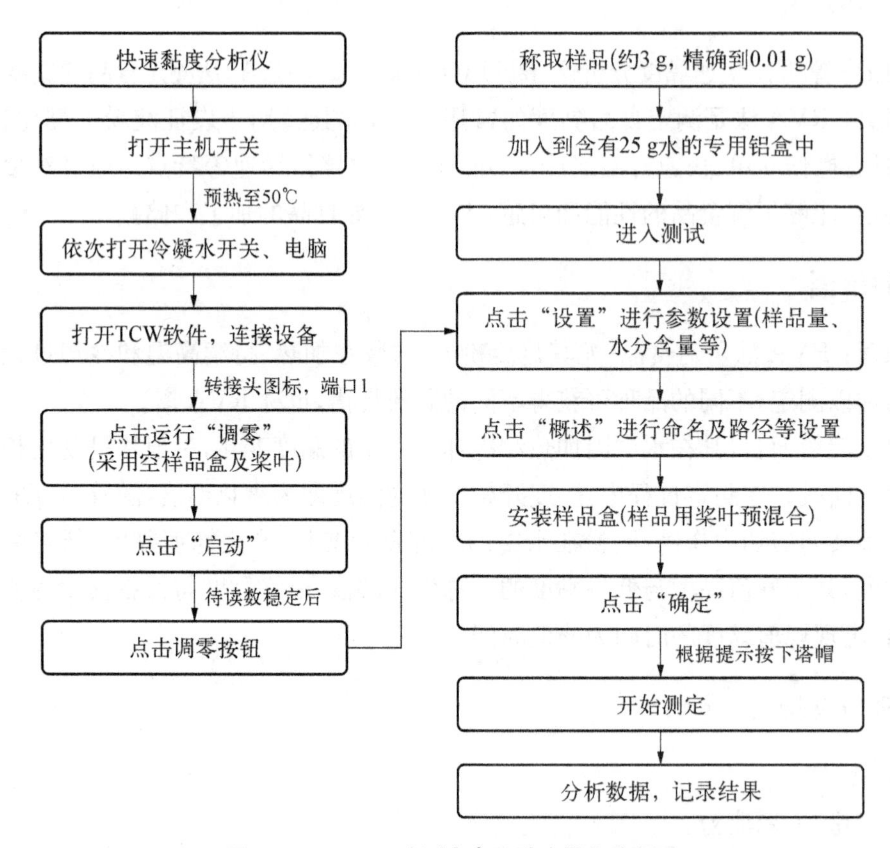

图 21－10　RVA 法测定食品黏度操作流程图

5. 注意事项

(1) 样品的水分含量一般为 10%左右。

(2) 食品的黏度曲线通常先到达峰值，随后略下降出现小低谷，接着继续上行至稳定。

(3) 样品测定三次取平均值，结果保留两位有效数字。

6. 结果分析

按表 21－9 记录食品黏度测定的相关实验数据。

表 21 - 9　食品黏度测定的结果记录表

样品	实验序号	峰值黏度/cP	低谷黏度/cP	最终黏度/cP	崩解值/cP	回复值/cP
小麦粉	1					
	2					
	3					
	平均值					
玉米淀粉	1					
	2					
	3					
	平均值					

7. 思考讨论

(1) 哪些液态食品的黏度较大?

(2) 简述影响食品黏度的因素。

(3) 简述实验心得体会。

第四篇

食品组成的三大精密仪器分析

实验二十二

气相色谱系列对食品中气味分子的测定

一、GC－FID 法测定啤酒中的乙醇

1. 目的和意义

目的： 掌握用气相色谱-氢火焰离子化检测器(GC－FID)测定啤酒中乙醇含量的方法。

意义： 酒精含量是表征啤酒强度的一种方法，可以作为啤酒的分类依据。此外，酒精含量也影响啤酒的感官品质，是评价啤酒质量的主要指标之一。GC－FID 可直接测定啤酒中乙醇含量，进而得到啤酒的酒精度数。

2. 实验依据[32]

原理： 样品进入气相色谱仪中的色谱柱时，由于在气固两相中吸附系数不同，而将乙醇与其他组分分离，用氢火焰离子化检测器检测后与标样对照，保留时间定性，外标法定量。

3. 材料与设备

1) 材料与试剂

材料： 不同酒精度数的啤酒。

试剂： 无水乙醇，乙醇标准工作溶液(50 mL/L，溶剂为正己烷)。

2) 仪器与设备

具塞锥形瓶(250 mL)，量筒(100 mL)，移液管(10 mL)，进样瓶(2 mL)，0.45 μm 滤膜，一次性注射器(1 mL)，气相色谱仪(配氢火焰离子化检测器)，色谱柱[固定相 Chromosorb103，177 μm(80 目)～250 μm(60 目)，2 m×2 mm 或 3 m×3 mm]。

4. 实验步骤

GC－FID 法测定啤酒中乙醇含量的具体操作步骤如图 22－1 所示。

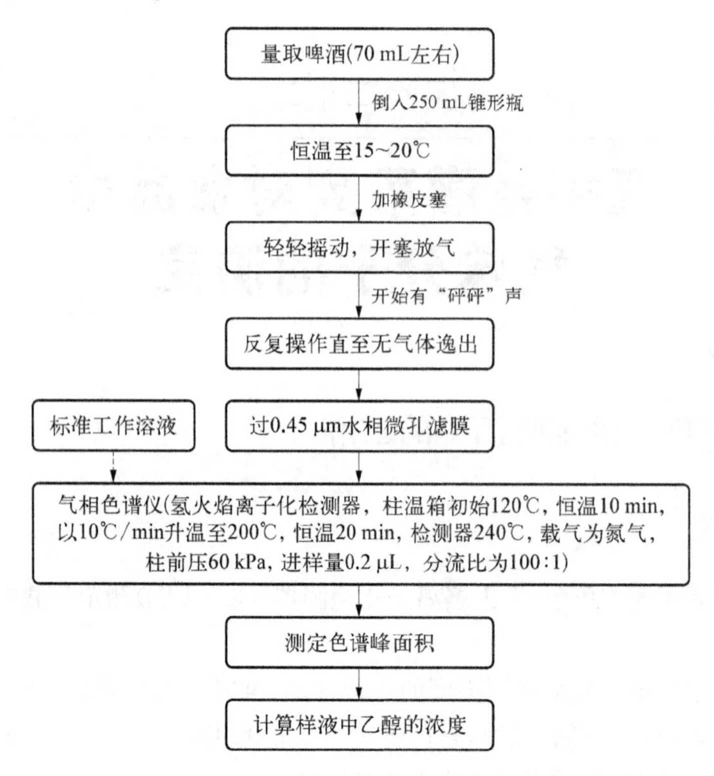

图 22-1　GC-FID 法测定啤酒中乙醇含量的操作流程图

5. 注意事项

(1) 本法适用于啤酒中乙醇的准确定性和初步定量，如需精确定量，应采用标准曲线定量法。

(2) 以重复性条件下获得的两次独立测定结果的算术平均值表示，结果保留至小数点后一位。啤酒样品在重复性条件下获得的两次独立测定结果的绝对差值不得超过 0.1%(体积分数)；其他样品在重复性条件下获得的两次独立测定结果的绝对差值不得超过 0.5%(体积分数)。

6. 结果分析

啤酒中乙醇的含量可直接按以下公式计算：

$$X=\frac{C_s\times A}{A_s}$$

式中　X ——样品中乙醇含量，mL/L，或以体积分数(%)表示；

A ——样品溶液中乙醇的峰面积；

A_s——标准工作液中乙醇的峰面积；

C_s——标准工作液中乙醇的浓度，mL/L。

7. 思考讨论

（1）实验中哪些关键步骤会影响测定结果？
（2）啤酒中的酒精含量范围是多少？
（3）简述实验心得体会。

二、GC－MS法测定香菇中的蘑菇醇和香菇素

1. 目的和意义

目的： 掌握用气相色谱-质谱(GC－MS)测定食品中挥发性气味化合物的方法。

意义： 气味是食品最重要的感官特征，俗话说“食以味为先”，气味直接决定了食品的被接受度。气相色谱-质谱法是最常用的精确测定食品中气味分子的方法，在食品和检测等行业已获广泛应用。

2. 实验依据

原理： 气相色谱-质谱仪的原理是多组分混合物经气相色谱气化、分离，各组分按保留时间顺序依次进入质谱仪，各组分的气体分子在离子源中被电离，生成不同质荷比的带正电荷的离子，经加速电场的作用形成离子束，进入质量分析器后，按质荷比的大小进行分离，最后由检测器检测离子束流转变成电信号，并被送入计算机内，这些信号经计算机处理后可以得到色谱图、质谱图及其他多种信息。

香菇中含有两种非常典型的化合物，一种为蘑菇醇，化学名称为1-辛烯-3-醇，另一种为香菇素，化学名称为1,2,3,5,6-五硫杂环庚烷，二者均具有强烈的蘑菇特征风味。可以通过GC－FID和GC－MS技术对其分别进行定量分析。匀浆后的香菇样品用乙腈振荡提取，弗罗里硅土柱净化，以正己烷-丙酮溶液洗脱，氮气吹干，残余物以正己烷溶解，经GC－FID和GC－MS分别测定，外标法定量，即可得到香菇中蘑菇醇和香菇素的含量[33,34]。

3. 材料与设备

1）材料与试剂

材料： 香菇鲜样。

试剂： 乙腈(色谱纯)，正己烷(色谱纯)，丙酮(色谱纯)，氯化钠，正己烷-丙酮溶液(50 mL丙酮＋450 mL正己烷)，1-辛烯-3-醇标准品(色谱纯)，香菇素标准品(纯度≥90%)，标准储备溶液(100 μg/mL，溶剂为正己烷，超声助溶，0～4℃避光储存，有效期为3个月)，标准工作溶液(分别吸取适量标准储备溶液，用正己烷稀释为

1 μg/mL、2 μg/mL、5 μg/mL、10 μg/mL、20 μg/mL 的标准工作液)。

2) 仪器与设备

烧杯(10 mL),具塞锥形瓶(100 mL),具塞量筒(50 mL),离心管(15 mL),移液管(5 mL,10 mL),容量瓶(100 mL),漏斗,进样瓶(2 mL),弗罗里硅土柱(3 mL,500 mg),滤纸,气相色谱(配氢火焰离子化检测器),聚乙二醇毛细管柱:30 m×0.25 mm×0.25 μm,气相色谱-质谱联用仪(配电子轰击电离源,EI),HP-5 MS 毛细管柱(30 m×0.25 mm×0.25 μm),分析天平,回旋式振荡器,组织捣碎机,抽滤装置,氮吹仪,固相萃取装置,涡旋混合器。

4. 实验步骤

GC 系列法测定香菇中蘑菇醇和香菇素含量的具体操作步骤如图 22-2 所示。

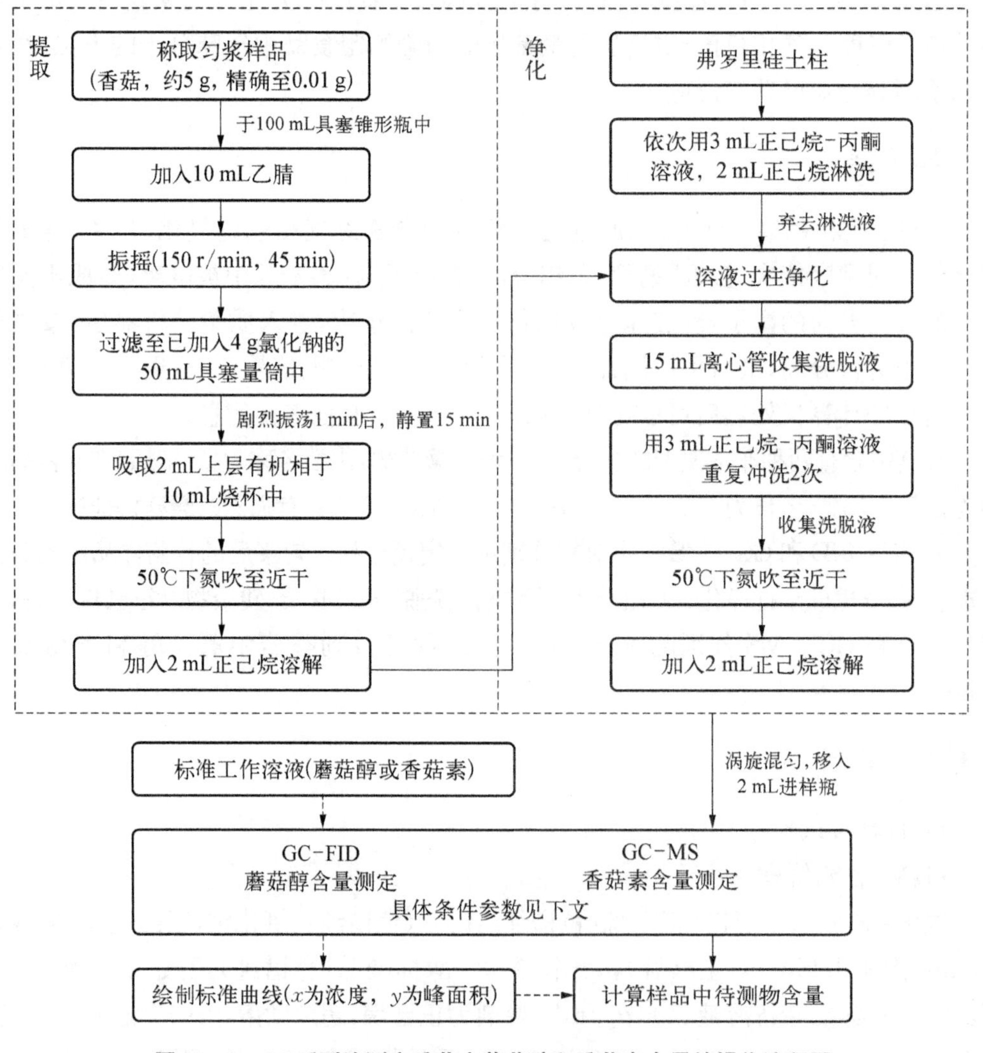

图 22-2 GC 系列法测定香菇中蘑菇醇和香菇素含量的操作流程图

蘑菇醇测定色谱条件[32]：聚乙二醇毛细管柱，进样口 240℃，柱温箱初始温度为120℃，恒温 10 min；以 10℃/min 的速率升温至 200℃，恒温 20 min，检测器 240℃，载气为氮气，柱前压 60 kPa，进样量约 0.2 μL，分流比为 100∶1。

香菇素测定色谱条件[33]：HP-5 MS 毛细管柱，进样口 220℃，柱温箱初始温度为 50℃，保持 1 min，以 10℃/min 的速率升温至 280℃，保持 5 min，后运行 1 min，载气为氦气，流速为 1.0 mL/min，不分流进样，进样量 1 μL；质谱条件：EI 离子源温度为 220℃，四级杆温度为 150℃，传输线温度为 280℃，选择离子模式扫描（selected ion monitoring，SIM），定性离子 $m/z=142,124,78$，定量离子 $m/z=142$。

5. 注意事项

（1）本法适用于香菇中蘑菇醇和香菇素含量的测定。色谱分析需做空白试验，除不加待测样品外，采用完全相同的测定步骤进行操作。

（2）测定结果取两次平行测定的算术平均值，计算结果保留两位有效数字；当结果大于 1 mg/kg 时保留三位有效数字。在重复性条件下，获得的两次独立测试结果的绝对差值不超过算术平均值的 10%。

（3）本法对香菇素含量的检出限为 0.1 mg/kg，定量检测范围为 0.25～20.0 mg/kg。

（4）本实验可根据课时调整材料，如可用白酒作为样品，正己烷萃取，简化前处理步骤；或者用食用植物油经过简单的甲酯化处理，直接通过 GC-MS 进样分析，谱库匹配定性。

6. 结果分析

香菇中蘑菇醇和香菇素的含量可直接按以下公式计算：

$$X=\frac{A\times C_s\times V}{A_s\times m}\times f$$

式中　X——样品中蘑菇醇或香菇素的含量，mg/kg；

A——样品溶液中蘑菇醇或香菇素的峰面积；

V——样品溶液定容体积，mL；

A_s——标准工作液中蘑菇醇或香菇素的峰面积；

C_s——标准工作液中蘑菇醇或香菇素的浓度，μg/mL；

m——样品质量，g；

f——样品稀释倍数。

7. 思考讨论

（1）测定香菇中蘑菇醇和香菇素的含量有何意义？

（2）你还知道哪些表征食品气味特性的方法？

（3）简述实验心得体会。

实验二十三

高效液相色谱系列对食品中非挥发性化合物的测定

一、HPLC－UV 法测定果蔬中的 L(＋)-抗坏血酸

1. 目的和意义

目的：掌握用高效液相色谱-紫外检测器(HPLC－UV)测定果蔬中的 L(＋)-抗坏血酸的方法。

意义：抗坏血酸不仅能够促进矿物质在体内的吸收，还能清除自由基，发挥抗氧化作用，广泛存在于新鲜蔬菜水果中。其中，L(＋)-抗坏血酸为左式右旋光抗坏血酸，最具生物活性且最容易被人吸收。通过对不同果蔬中 L(＋)-抗坏血酸含量的测定可以为消费者提供膳食指导。

2. 实验依据[14]

原理：试样中的抗坏血酸用偏磷酸溶解超声提取后，经反相色谱柱分离，其中 L(＋)-抗坏血酸直接用配有紫外检测器的高效液相色谱仪(波长 245 nm)测定；根据色谱峰保留时间定性，外标法定量。

3. 材料与设备

1) 材料与试剂

材料：番茄，苦瓜。

试剂：偏磷酸(HPO_3)$_n$[含量(以 HPO_3 计)≥38%]，偏磷酸溶液(200 g/L，称取 200.0 g 偏磷酸，用水定容至 1 L)，偏磷酸溶液(20 g/L，量取 200 g/L 偏磷酸溶液 50 mL，用水定容至 500 mL)，L(＋)-抗坏血酸标准品($C_6H_8O_6$，纯度≥99%)，L(＋)-抗坏血酸标准贮备溶液[1.000 mg/mL，准确称取 L(＋)-抗坏血酸标准品 0.010 0 g，用 20 g/L 偏磷酸溶液定容至 10 mL]，L(＋)-抗坏血酸标准工作溶液[30 mg/L，吸取 L(＋)-抗坏血酸标准贮备液 0.3 mL，用 20 g/L 偏磷酸溶液定容至 10 mL，临用现配]，流动相 A(6.8 g 磷酸二氢钾＋0.91 g 十六烷基三甲基溴化铵，用水定容至 1 L 后用磷酸调 pH 至 2.5～2.8)，流动相 B(甲醇，色谱纯)，流动相[A：B＝98：2(体积

比)，过 0.45 μm 滤膜，超声脱气]。

2) 仪器与设备

容量瓶(50 mL)，烧杯(50 mL)，移液管(10 mL)，进样瓶(2 mL)，0.45 μm 滤膜，高效液相色谱(配紫外检测器)，C_{18} 色谱柱(250 mm×4.6 mm×5 μm)，分析天平，组织匀浆机，涡旋振荡器。

4. 实验步骤

HPLC－UV 法测定果蔬中 L(＋)-抗坏血酸含量的具体操作步骤如图 23－1 所示。

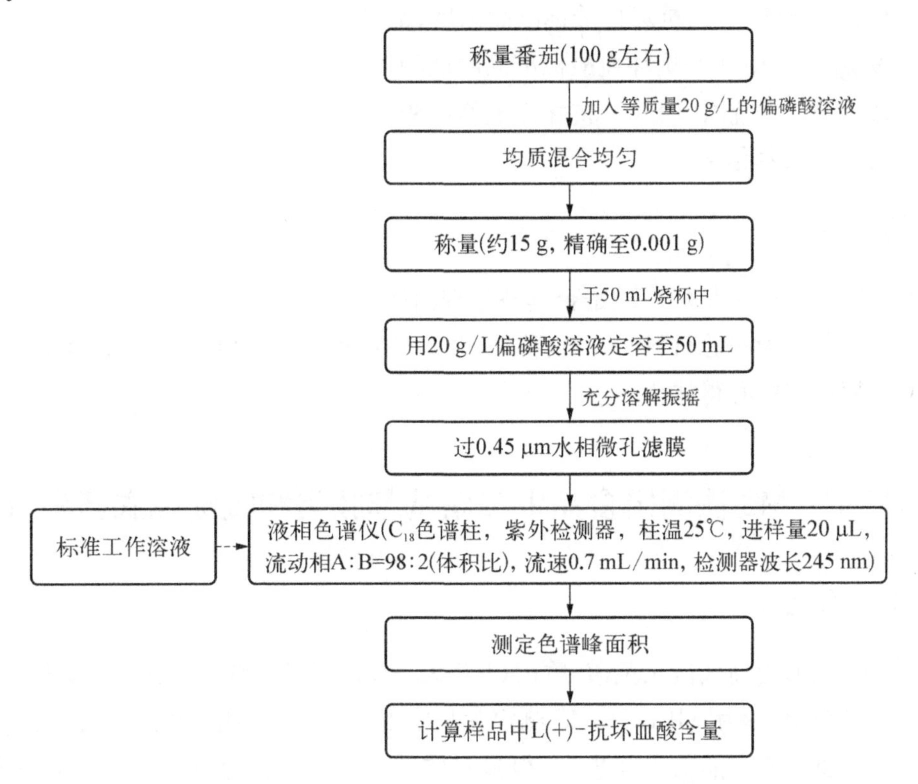

图 23－1　HPLC－UV 法测定果蔬中 L(＋)-抗坏血酸含量的操作流程图

5. 注意事项

(1) 本法适用于果蔬中 L(＋)-抗坏血酸的准确定性和初步定量，如需精确定量，应采用标准曲线定量法。

(2) 整个检测过程尽可能在避光条件下进行。

(3) 若选择苦瓜为实验材料，第二次称量时样品取 2 g。

(4) 在重复性条件下获得的两次独立测定结果的绝对差值不得超过算术平均值的 10％。

(5) 固体样品取样量为 2 g 时,L(+)-抗坏血酸的检出限为 0.5 mg/100 g,定量限为 2.0 mg/100 g。

6. 结果分析

样品中的 L(+)-抗坏血酸含量按如下公式计算:

$$C_{样品} = \frac{C_{标品} \times A_{样品}}{A_{标品}} \times f$$

式中 $C_{样品}$——样品中 L(+)-抗坏血酸的含量,mg/L;

$C_{标品}$—— L(+)-抗坏血酸标准品浓度,mg/L;

$A_{标品}$—— L(+)-抗坏血酸标准品峰面积;

$A_{样品}$——样品中 L(+)-抗坏血酸峰面积;

f——稀释倍数。

7. 思考讨论

(1) L(+)-脱氢抗坏血酸是否具备生理活性?

(2) 以苦瓜为实验材料时,若也称取 15 g,则对实验结果会产生什么影响?

(3) 简述实验心得体会。

二、HPLC - MS 法测定食品中二硝基苯胺类和吡啶类农药残留量

1. 目的和意义

目的: 掌握用高效液相色谱-质谱(HPLC - MS)测定食品中二硝基苯胺类农药残留量的方法;掌握用 HPLC - MS 测定食品中吡啶类农药残留量的方法。

意义: 食用农产品的田间生产,很多时候需使用农药。过度或者不合理使用农药,是食品原料种植乃至储藏保鲜过程中的常见问题之一。因此,测定食品中的农药残留对保证饮食安全非常重要。农药残留已成为全球食品安全关注的焦点和膳食风险监测的重点。HPLC - MS 综合了 HPLC 的分离能力及 MS 的定性能力,在食品农药残留检测中得到了广泛的应用。

2. 实验依据

1) 二硝基苯胺类农药残留量的测定[35]

原理: 食品样品先用乙腈振荡提取,乙腈提取液再经石墨化碳黑固相萃取柱或亲水亲脂平衡(HLB)固相萃取柱净化,最后用 HPLC - MS 测定和确证,外标法定量。

2) 吡啶类农药残留量的测定[36]

原理： 食品样品中残留的农药用氯化钠盐析后，再经乙腈提取，乙腈提取液接着经石墨化碳黑固相萃取柱或 C_{18} 固相萃取小柱净化，最后用 HPLC－MS 检测和确证，外标法定量。

3. 材料与设备

1) 材料与试剂

(1) 二硝基苯胺类农药残留量的测定。

材料： 苹果，青菜，豇豆。

试剂： 石墨化碳黑固相萃取柱(3 mL，250 mg)，氯化钠，丙酮(优级纯)，甲醇(色谱纯)，乙腈(色谱纯)，正己烷(色谱纯)，甲酸(色谱纯)，含 0.05%甲酸的乙腈-水溶液(500 mL 乙腈+0.5 mL 甲酸，用水定容至 1 L)，正己烷-丙酮溶液(20 mL 正己烷+80 mL 丙酮)，二硝基苯胺类农药标准储备液(分别称取适量的氟乐灵、二甲戊灵、仲丁灵、异丙乐灵、氨氟灵、甲磺乐灵、氨磺乐灵、氨氟乐灵，用丙酮配制成浓度为 1 000 mg/L 的溶液，避光于－18℃保存，有效期为 12 个月)，二硝基苯胺类农药混合中间标准溶液(吸取适量的各标准储备液，用甲醇稀释成氟乐灵浓度为 5.0 mg/L，其他 7 种药物浓度为 1.0 mg/L，0～4℃避光保存，有效期为 3 个月)，基质混合标准工作溶液(用空白样品提取液稀释混合标准中间液，使氟乐灵浓度为 0 μg/L、50. 0 μg/L、100 μg/L、250 μg/L、500 μg/L 和 1 000 μg/L，其他 7 种农药浓度为 0 μg/L、10.0 μg/L、20.0 μg/L、50.0 μg/L、100 μg/L 和 200 μg/L，临用现配)。

(2) 吡啶类农药残留量的测定。

材料： 牛奶，柑橘。

试剂： C_{18} 固相萃取小柱(3 mL，500 mg)，乙腈(色谱级)，甲醇(色谱级)，氯化钠，无水硫酸钠(经 650℃灼烧 4 h，置于干燥器内备用)，乙酸溶液(0.1%，量取 1 mL 乙酸，用水稀释至 1 000 mL)，甲醇-水溶液(100 mL 甲醇+100 mL 水)，甲苯-乙腈酸性溶液(100 mL 甲苯+300 mL 乙腈+4 mL 乙酸)，标准储备液(分别称取吡虫啉、啶虫脒、咪唑乙烟酸、氟啶草酮、啶酰菌胺、噻唑烟酸和氟硫草定标准物质，用甲醇配制成 1.0 mg/mL 的溶液，4℃避光保存)，混合标准中间液(取适量标准储备液，用甲醇稀释成 10 g/mL 的溶液，4℃避光保存)，标准工作溶液(吸取适量混合标准中间液，用空白样品基质配制成适当浓度的标准工作溶液，临用现配)。

2) 仪器与设备

(1) 二硝基苯胺类农药残留量的测定：具塞离心管(15 mL，50 mL)，容量瓶(1 L，25 mL)，移液管(1 mL，5 mL)，量筒(25 mL)，微孔滤膜，进样瓶(2 mL)，高效液相色谱-质谱/质谱仪(配有电喷雾离子源，ESI)，分析天平，组织匀浆机，涡旋振荡器，固相萃取装置(带真空泵)，氮吹仪，离心机。

(2) 吡啶类农药残留量的测定：具塞离心管(50 mL)，容量瓶(1 L)，移液管(5 mL，10 mL)，量筒(100 mL)，进样瓶(2 mL)，高效液相色谱-质谱/质谱仪(配有电喷雾离子源，ESI)，分析天平，涡旋振荡器，固相萃取装置(带真空泵)，氮吹仪，离心机。

4. 实验步骤

1) 食品中二硝基苯胺类农药残留量的测定步骤

HPLC-MS法测定食品中二硝基苯胺类农药残留量的具体操作步骤如图23-2所示。

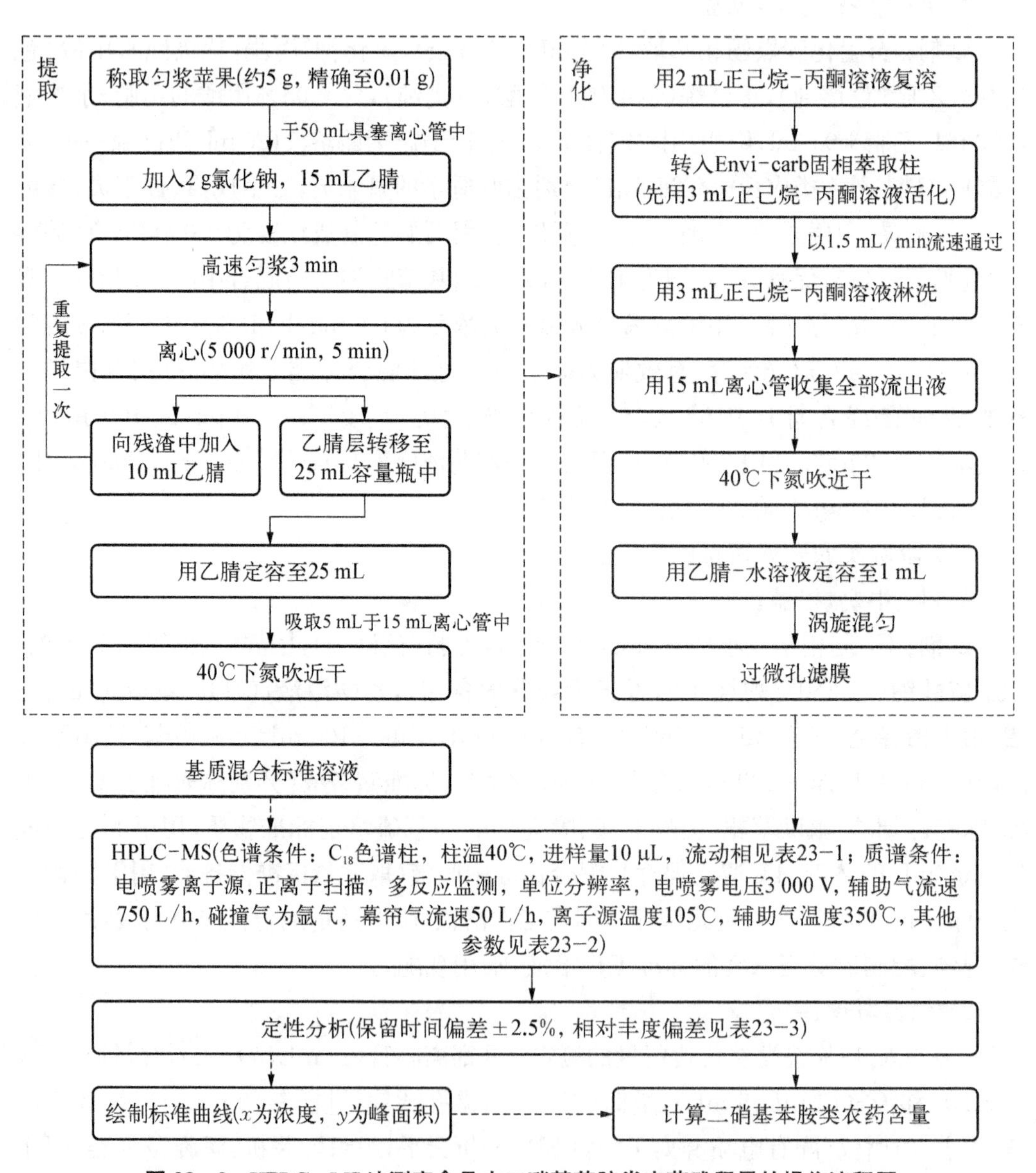

图23-2 HPLC-MS法测定食品中二硝基苯胺类农药残留量的操作流程图

表 23-1　流动相、流速及梯度洗脱条件[34]

时间/min	流速/(mL/min)	流动相	
		0.05%甲酸-5 mmol/L 乙酸铵-水溶液/%	甲醇/%
0	0.30	50	50
5.0	0.30	20	80
8.0	0.30	0	100
9.5	0.30	50	50

表 23-2　二硝基苯胺类农药标准物质的质谱参数[34]

分析物	保留时间/min	母离子 (m/z)	子离子 (m/z)	采集时间/s	锥孔电压/V	碰撞能量/eV
氟乐灵	5.70	336.2	236*	0.1	34	24
			252	0.1		23
二甲戊灵	5.36	282	212*	0.05	32	10
			194	0.05		17
仲丁灵	5.70	296	240*	0.05	20	13
			222	0.05		20
异丙乐灵	6.06	310	226*	0.05	32	19
			268	0.05		14
氨氟灵	4.06	323	289*	0.05	32	20
			247	0.05		16
甲磺乐灵	3.41	346	304*	0.05	32	16
			262	0.05		22
氨磺乐灵	3.21	347	288*	0.05	34	17
			305	0.05		14
氨氟乐灵	5.20	351	267*	0.05	30	20
			291	0.05		18

注：* 为定量离子，对于不同质谱仪器，仪器参数可能存在差异，测定前应将质谱参数优化到最佳。

表 23-3　相对离子丰度允许最大误差[34]

相对丰度(基峰)	>50%	20%～50%	10%～20%	≤10%
允许的相对偏差	±20%	±25%	±30%	±50%

2）吡啶类农药残留量的测定步骤

HPLC－MS法测定食品中吡啶类农药残留量的具体操作步骤如图23－3所示。

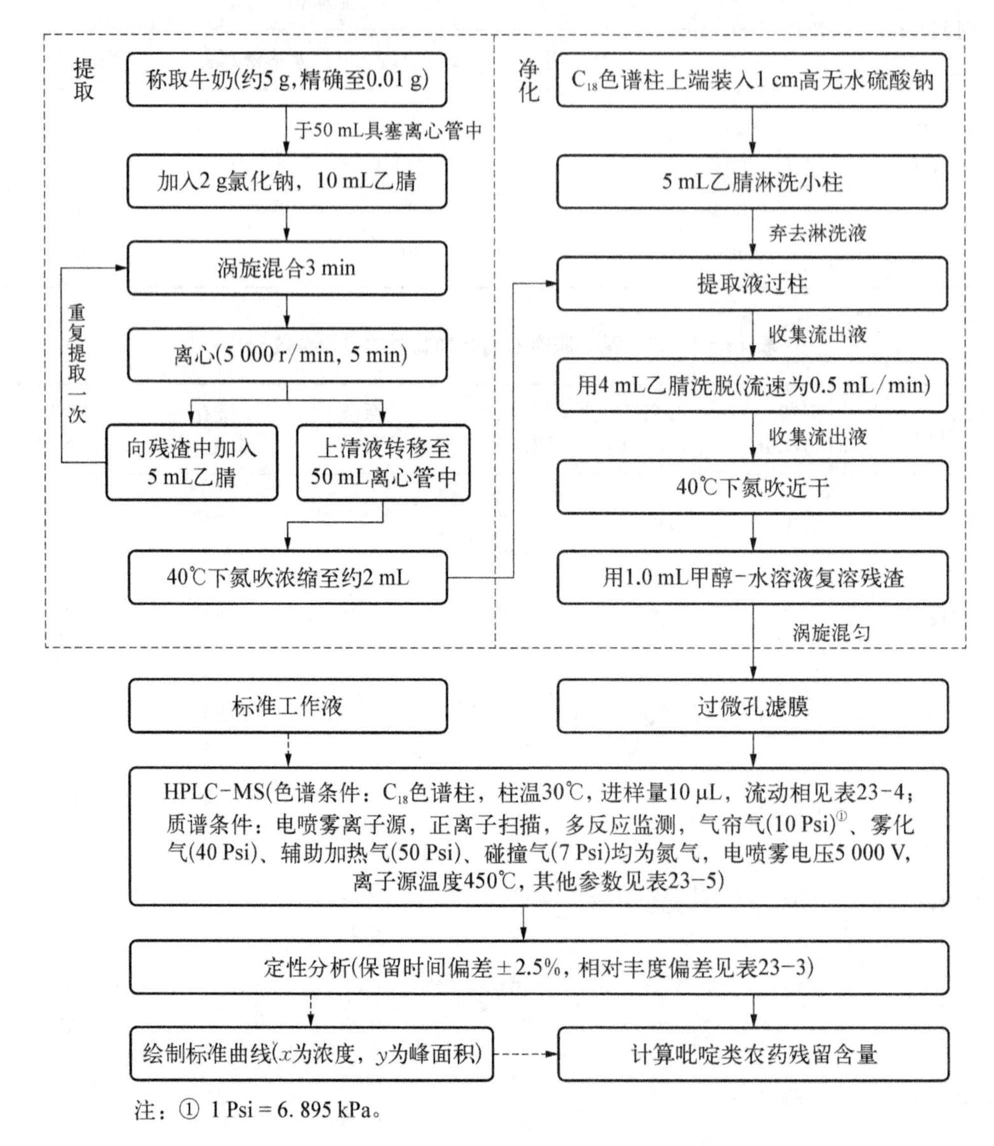

图23－3　HPLC－MS法测定食品中吡啶类农药残留量的操作流程图

表23－4　流动相梯度洗脱条件[35]

时间/min	流速/mL/min	流动相	
		0.1%乙酸/%	甲醇/%
0	0.5	80	20
6	0.5	20	80

续　表

时间/min	流速/mL/min	流动相	
		0.1%乙酸/%	甲醇/%
15	0.5	5	95
16	0.5	80	20
20	0.5	80	20

表 23－5　多反应监测条件[35]

分析物	保留时间/min	母离子(m/z)	子离子(m/z)	驻留时间/ms	去簇电压/V	碰撞能量/V	入口电压/V	出口电压/V
吡虫啉	8.5	256.0	209.0*	200	51	21	10	7
			175.0	200	46	33	10	6
啶虫脒	9.0	223.0	126.0*	200	36	27	10	4
			90.0	200	36	45	10	12
咪唑乙烟酸	10.3	290.1	245.6*	200	62	26	10	16
			177.4	200	62	37	10	15
氟啶草酮	11.4	330.5	309.5*	200	124	46	10	15
			259.2	200	124	60	10	15
啶酰菌胺	11.9	343.0	307.2*	200	98	27	10	15
			140.2	200	98	30	10	6
噻唑烟酸	12.8	397.6	377.2*	200	94	33	10	11
			335.2	200	94	44	10	18
氟硫草定	14.0	402.3	354.0*	500	86	26	10	15
			272.4	500	98	410	10	15

注：* 为定量离子。

5. 注意事项

(1) 本法适用于果蔬(菠菜、生姜、苹果、西瓜、甘蓝、节瓜等)中二硝基苯胺类农药(氟乐灵、二甲戊灵、氨磺乐灵、仲丁灵、氨氟乐灵、氨氟灵、甲磺乐灵和异丙乐灵等)残留量的测定和确证,以及柑橘和牛奶中吡啶类农药(吡虫啉、啶虫脒、咪唑乙烟酸、氟啶草酮、啶酰菌胺、噻唑烟酸和氟硫草定)残留量的测定和确证。

(2) 二硝基苯胺类和吡啶类药物的计算结果须扣除空白值,测定结果用平行测定的算术平均值表示，保留两位有效数字。

(3) 二硝基苯胺类农药定量限均为 0.01 mg/kg，吡啶类农药的定量限均为 0.005 mg/kg。

(4) 本实验可根据课时调整材料，如可用果汁作为样品，分析维生素 C，达到简化前处理步骤配合课时设定的目的。

6. 结果分析

1) 二硝基苯胺类农药残留量的计算

按表 23-6 记录食品中二硝基苯胺类农药残留量测定的相关实验数据。

表 23-6 食品中二硝基苯胺类农药残留量的数据记录表

农药名	标准工作液峰面积	标准工作液浓度/(μg/mL)	样品中峰面积
氟乐灵			
二甲戊灵			
氨磺乐灵			
仲丁灵			
氨氟乐灵			
氨氟灵			
甲磺乐灵			
异丙乐灵			

注：根据样品中被测物的含量，分别选取响应值适宜的标准工作液进行数据记录。

可用色谱数据处理机或按照如下公式计算样品中各二硝基苯胺类农药的含量：

$$X=\frac{A_i \times C_{si} \times V}{A_{si} \times m}$$

式中 X ——样品中各二硝基苯胺类农药的残留含量，mg/kg；

A_i——样液中各二硝基苯胺类农药的峰面积；

V ——样液最终定容体积，mL；

A_{si}——标准工作液中各二硝基苯胺类农药的峰面积；

C_{si}——标准工作液中各二硝基苯胺类农药的浓度，μg/mL；

m ——最终样液所代表的样品质量，g。

2) 吡啶类农药残留量的计算

按表 23-7 记录食品中吡啶类农药残留量测定的相关实验数据。

表 23-7　食品中吡啶类农药残留量的数据记录表

农 药 名	标准液中峰面积	标准液中浓度/(μg/mL)	样品中峰面积
吡虫啉			
啶虫脒			
咪唑乙烟酸			
氟啶草酮			
啶酰菌胺			
噻唑烟酸			
氟硫草定			

注：根据样品中被测物的含量，分别选取响应值适宜的标准工作液进行数据记录。

可用色谱数据处理机或按照如下公式计算样品中各吡啶类农药的含量：

$$X=\frac{A\times c\times V}{A_s\times m}$$

式中　X——样品中各吡啶类农药的残留含量，μg/kg；

A——样液中各吡啶类农药的峰面积；

c——标准工作溶液中吡啶类农药组分的浓度，ng/mL；

V——样液最终定容体积，mL；

A_s——标准工作溶液中吡啶类农药组分的峰面积；

m——最终样液所代表的样品质量，g。

7. 思考讨论

(1) 如何避免样品中的农药残留在提取和净化过程中的损失？

(2) 在用 HPLC-MS 测定食品样品中新型或未知农药残留时，如何保证测定方法的准确性？

(3) 简述实验心得体会。

实验二十四

ICP－MS/OES 法对食品中矿物质元素的测定

一、ICP－MS 法测定饮用水中金属元素的含量

1. 目的和意义

目的： 掌握用电感耦合等离子体质谱(ICP－MS)法测定饮用水中金属元素的含量。

意义： 水是人类生活中不可或缺的资源，饮用水中含有多种金属元素，部分金属元素对人体的生长发育十分重要，也存在一些危害人体健康的重金属元素，测定饮用水中的金属元素对保障饮水安全具有重要意义。ICP－MS 法可以同时测定水中低含量的多种金属元素，相较传统测量方法提高了检测效率和精度。

2. 实验依据[37]

原理： 样品溶液雾化后由载气送入电感耦合等离子体炬焰中，经蒸发、解离、原子化、电离等过程，转化为带正电荷的正离子，随后正离子经离子采集系统进入质谱仪，根据质荷比分离。一定质荷比下，质谱积分面积与进入质谱仪中的离子数成正比，即样品浓度与质谱积分面积成正比，因此可通过峰面积计算样品中元素的浓度。

3. 材料与设备

1) 材料与试剂

材料： 饮用纯净水，饮用矿泉水，自来水。

试剂： 氩气(≥99.995%)，硝酸(ρ_{20}＝1.42 g/mL)，硝酸溶液[硝酸∶水＝1∶99(体积比)]，钾、钙、钠、镁、铅、汞混合标准溶液(钾、钙、钠、镁：100 mg/L，铅：1 mg/L，汞：0.1 mg/L)，钾、钙、钠、镁、铅、汞混合标准工作液(吸取混合标准溶液，用硝酸溶液配制成钾、钙、钠、镁浓度分别为：0 mg/L、0.5 mg/L、5.0 mg/L、10.0 mg/L、50.0 mg/L、100.0 mg/L，铅浓度分别为：0 μg/L、0.5 μg/L、1.0 μg/L、10.0 μg/L、50.0 μg/L、100.0 μg/L，汞浓度分别为：0、0.10 μg/L、0.50 μg/L、1.0 μg/L、1.5 μg/L、2.0 μg/L 的系列标准溶液)，质谱调谐液(10 μg/L 的锂、钇、铈、铊、钴混合溶液)，内标溶液(10 mg/L的锂、钪、锗、钇、铟、铋混合溶液，使用前用硝酸溶液稀释至 1 mg/L)。

2）仪器与设备

烧杯（50 mL），移液管（10 mL），进样瓶，电感耦合等离子体质谱仪，超纯水制备仪。

4. 实验步骤

ICP-MS 法测定饮用水中金属元素的具体操作步骤如图 24-1 所示。

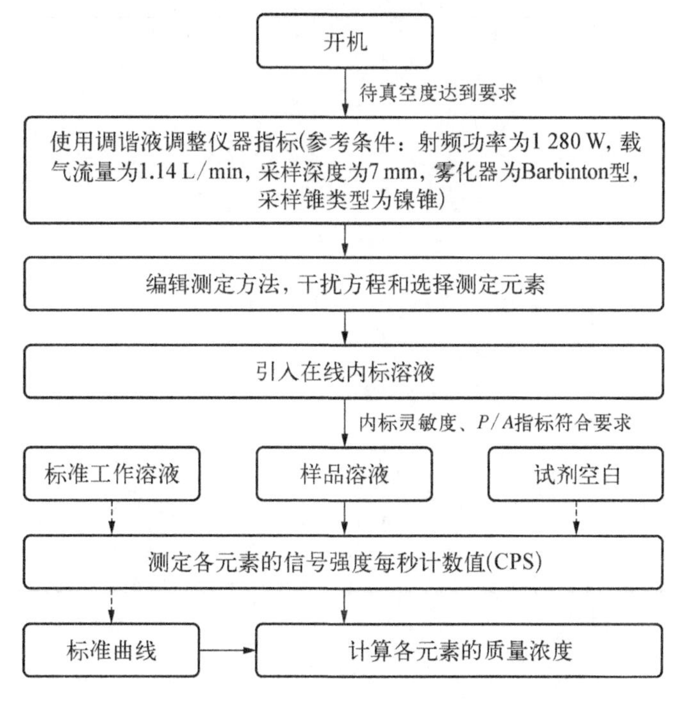

图 24-1　ICP-MS 法测定饮用水中金属元素操作流程图

5. 注意事项

（1）本法适用于饮用水中银、铝、砷、硼、钡、铍、钙、镉、钴、铬、铜、铁、钾、锂、镁、锰、钼、钠、镍、铅、锑、硒、锶、锡、钍、铊、钛、铀、钒、锌、汞的准确定性和初步定量，如需精确定量，应采用标准曲线定量法。

（2）由于汞元素易沉积在镍的采样锥或截取锥上，饮用水和水源水中汞元素含量很低，因此引入仪器的汞标准溶液浓度范围应尽量低。若仪器被污染，应引入含金的溶液清洗。

（3）本法各元素最低检测质量浓度（μg/L）分别为：银，0.03；铝，0.6；砷，0.09；硼，0.9；钡，0.3；铍，0.03；钙，6.0；镉，0.06；钴，0.03；铬，0.09；铜，0.09；铁，0.9；钾，3.0；锂，0.3；镁，0.4；锰，0.06；钼，0.06；钠，7.0；镍，0.07；铅，0.07；锑，0.07；硒，0.09；锶，0.09；锡，0.09；钍，0.06；铊，0.01；钛，0.4；铀，0.04；钒，0.07；锌，0.8；汞，0.07。

6. 结果分析

按表24-1记录饮用水中金属元素测定的相关实验数据。

表24-1 ICP-MS测定饮用水中金属元素的数据记录表

	标准曲线	实验序号	信号强度每秒计数值(CPS)	元素质量浓度/(mg/L或μg/L)
钾		1		
		2		
钙		1		
		2		
钠		1		
		2		
镁		1		
		2		
铅		1		
		2		
汞		1		
		2		

7. 思考讨论

(1) 饮用纯净水、饮用矿泉水和自来水中金属元素含量有哪些差异?为什么?

(2) 还有哪些测定饮用水中金属元素的方法?ICP-MS与它们相比有哪些优缺点?

(3) 简述实验心得体会。

二、ICP-MS/OES法测定婴幼儿配方奶粉中矿物质元素的含量

1. 目的和意义

目的: 掌握采用电感耦合等离子体质谱(ICP-MS)法或电感耦合等离子体发射光谱法(ICP-OES)测定食品中矿物质元素的含量。

意义: 有的矿物质元素如铁、钙、锌等在食品营养中非常重要,有的矿物质元素如汞、铅、镉等在食品安全中应高度警惕,有的痕量或常量矿物质元素如硒、钠也是食

品检测中需要关注的。目前国内外通用的测定食品中矿物质元素的方法主要采用 ICP－MS/OES，这两种技术具有检出限低、灵敏度高、干扰少等优势，能够同时分析食品中的多种矿物质元素，有助于全方位评价食品的营养价值、快速评估食品的安全风险，这在婴幼儿配方奶粉的检测中可以得到高度体现。

2. 实验依据[38]

1）电感耦合等离子体质谱法

原理：食品试样经消解后，由 ICP－MS 测定，以元素特定质量数（质荷比，m/z）定性，采用外标法，以待测元素质谱信号与内标元素质谱信号的强度比与待测元素的浓度成正比进行定量分析。

ICP－MS 主要由样品引入系统、离子源、质量分析器、离子检测器和辅助系统构成。该仪器以独特的接口技术将电感耦合等离子体（ICP）的高温电离特性与质谱仪灵敏快速扫描的优点相结合，是元素定性定量分析和同位素分析中最灵敏的方法之一。

2）电感耦合等离子体发射光谱法

原理：样品消解后，由 ICP－OES 测定，以元素的特征谱线波长定性，采用外标法，以待测元素谱线信号强度与元素浓度成正比进行定量分析。

ICP－OES 主要由样品引入系统、ICP 光源、光谱仪和检测器构成。该法利用 ICP 光源使样品蒸发汽化，离解或分解为原子状态，且原子呈高度激发状态并有部分电离，在自发返回低能态时辐射能量，同时产生相应的发射光谱线，进而实现定性定量。

3. 材料与设备

1）材料与试剂

材料：婴幼儿配方奶粉，油条。

试剂：氩气（≥99.995%），氦气（≥99.995%），硝酸（优级纯），硝酸溶液（50 mL 硝酸＋950 mL 水），元素标准储备液（1 000 mg/L 或 100 mg/L，钠、钙、铝、铅、镉、铜、铁、锰和锌的单元素或多元素储备液，采用标准物质配制），内标元素储备液（1 000 mg/L，钪、锗、铟、铑、铼、铋的单元素或多元素储备液），混合标准工作溶液［用硝酸溶液稀释标准储备液至不同质量浓度梯度，具体浓度参考《食品安全国家标准　食品中多元素的测定》（GB 5009.268—2016）］，内标使用液（用硝酸溶液稀释标准储备液，使其在样液中的浓度范围为 25～100 μg/L，具体浓度参考 GB 5009.268—2016 的 A.2 部分）。

2）仪器与设备

容量瓶（50 mL），移液管（5 mL），分析天平，微波消解仪（配有聚四氟乙烯消解内管），超声水浴锅，匀浆机，电感耦合等离子体质谱仪，电感耦合等离子体发射光谱仪。

4. 实验步骤

1）电感耦合等离子体质谱法

ICP－MS法测定食品中矿物质元素含量的具体操作步骤如图 24－2 所示。

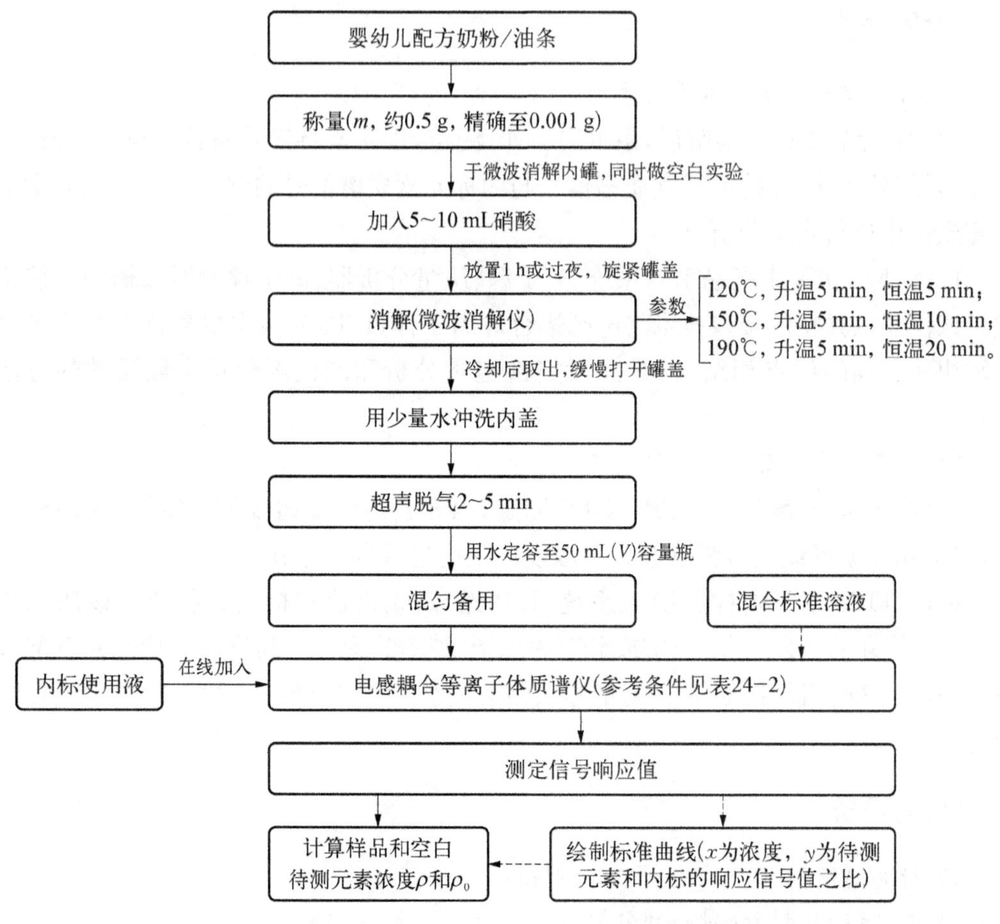

图 24－2　ICP－MS 法测定食品中矿物质元素含量的操作流程图

表 24－2　ICP－MS 的操作参考条件[38]

参数名称	参　　数	参数名称	参　　数
射频功率	1 500 W	雾化器	高盐/同心雾化器
等离子体气流量	15 L/min	采样锥/截取锥	镍/铂锥
载气流量	0.80 L/min	采样深度	8～10 mm
辅助气流量	0.40 L/min	采集模式	跳峰(Spectrum)
氦气流量	4～5 mL/min	检测方式	自动
雾化室温度	2℃	每峰测定点数	1～3
样品提升速率	0.3 r/s	重复次数	2～3

2) 电感耦合等离子体发射光谱法

ICP-OES 法测定食品中矿物质元素含量的具体操作步骤如图 24-3 所示。

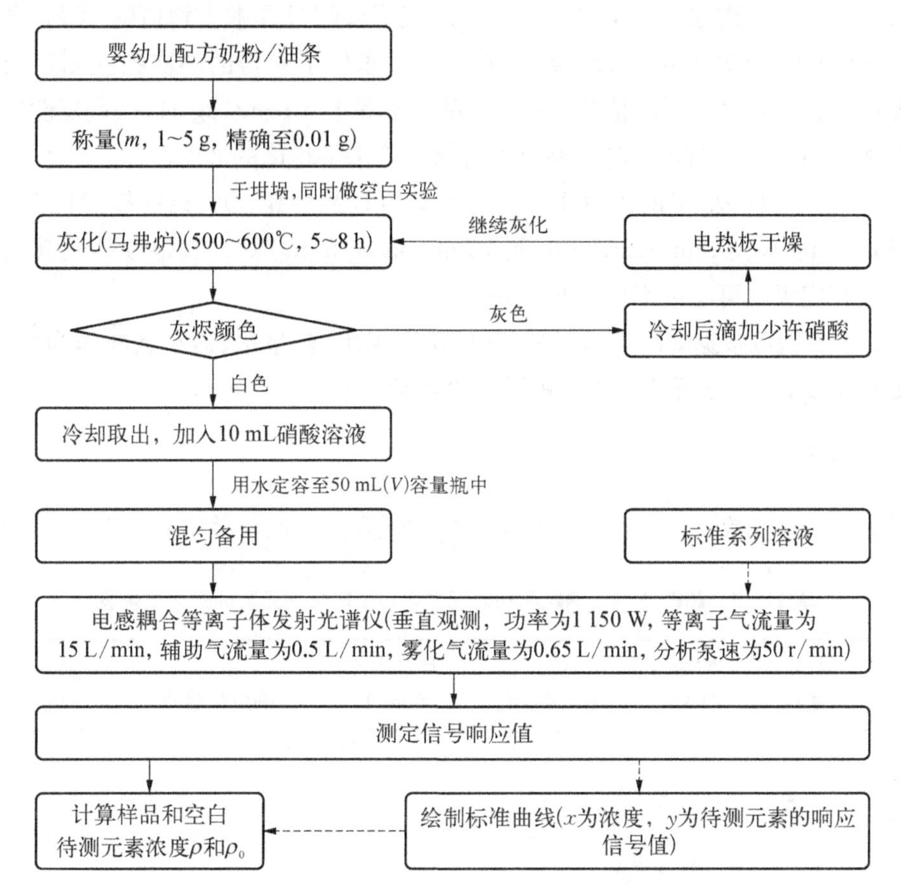

图 24-3　ICP-OES 法测定食品中矿物质元素含量的操作流程图

5. 注意事项

(1) ICP-MS 法适用于食品中硼、钠、镁、铝、钾、钙、钛、钒、铬、锰、铁、钴、镍、铜、锌、砷、硒、锶、钼、镉、锡、锑、钡、汞、铊、铅的测定；ICP-OES 法适用于食品中铝、硼、钡、钙、铜、铁、钾、镁、锰、钠、镍、磷、锶、钛、钒、锌的测定。ICP-MS 的分析模式、元素干扰校正方程及 ICP-OES 所推荐的分析谱线可参考 GB 5009.268—2016。

(2) 测定中应依据样品消解溶液中元素质量浓度水平，适当调整标准系列中各元素质量浓度的范围。

(3) 内标溶液既可在配制混合标准工作溶液和样品消化液中手动定量加入，亦可由仪器在线加入。

(4) 本教材的计算公式采用国标中高含量待测元素的计算公式。对低含量待测元素，可以按照 μg/L 单位记录样品溶液和空白液中被测物的质量浓度，相应的计算公式中应除以 1 000，使得最后得到的样品待测元素含量(X)的单位仍为 mg/kg 或 mg/L。

(5) 计算结果保留三位有效数字。样品中各元素含量大于 1 mg/kg 时，在重复性条件下获得的两次独立测定结果的绝对差值不得超过算术平均值的 10%；含量小于等于 1 mg/kg 且大于 0.1 mg/kg 时，在重复性条件下获得的两次独立测定结果的绝对差值不得超过算术平均值的 15%；含量小于等于 0.1 mg/kg 时，在重复性条件下获得的两次独立测定结果的绝对差值不得超过算术平均值的 20%。

(6) ICP - MS 法和 ICP - OES 法检测固体食品中钠、钙、铝的检测限分别为：1 mg/kg，1 mg/kg，0.5mg/kg；3 mg/kg，5 mg/kg，0.5 mg/kg。其他食品及其他元素的检出限和定量限可参阅 GB 5009.268—2016。

(7) 本实验可根据课时调整材料，如可用自来水、矿泉水、运动饮料作为样品，简化前处理步骤，直接分析其中的矿物质元素含量。

6. 结果分析

按表 24 - 3 和表 24 - 4 记录食品中矿物质元素测定的相关实验数据。

表 24 - 3　ICP - MS 法测定婴幼儿配方奶粉中矿物质元素的数据记录表

	标准曲线	实验序号	样品响应信号比	样品浓度/(mg/L)	空白响应信号比	空白浓度/(mg/L)
钠		1				
		2				
钙		1				
		2				
锌		1				
		2				
铁		1				
		2				
锰		1				
		2				
铜		1				
		2				
铝		1				
		2				
铅		1				
		2				

表 24－4　ICP－OES 法测定油条中矿物质元素的数据记录表

	标准曲线	实验序号	样品分析谱线强度	样品浓度/(mg/L)	空白分析谱线强度	空白浓度/(mg/L)
钠		1				
		2				
钙		1				
		2				
锌		1				
		2				
铁		1				
		2				
铝		1				
		2				
铜		1				
		2				

ICP－MS 法和 ICP－OES 法的结果计算方式相同，样品中待测元素的含量均按如下公式计算：

$$X=\frac{(\rho-\rho_0)\times V\times f}{m}$$

式中　X ——固体样品中待测元素的含量，mg/kg；

ρ ——样品溶液中被测元素的质量浓度，mg/L；

ρ_0 ——样品空白液中被测元素的质量浓度，mg/L；

V ——样品消化液定容体积，mL；

f ——样品稀释倍数；

m ——样品的质量，g。

7. 思考讨论

（1）在测定食品中矿物质元素组成方面，ICP－MS 法和 ICP－OES 法有何区别？

（2）矿物质元素的不同形态（有机态和无机态）与价态可以使用哪些方法进行分析？

（3）简述实验心得体会。

第五篇

食品拓展性指标的测定

实验二十五

食品中苯并[a]芘和多环芳烃含量的测定

1. 目的和意义

目的: 掌握用高效液相色谱(HPLC)测定食品中苯并[a]芘含量的方法;掌握用气相色谱-质谱(GC-MS)测定食品中多环芳烃含量的方法。

意义: 多环芳烃是一种具有致癌、致畸和致突变的持久性有机污染物,在环境和食品中广泛存在。目前发现并限定安全标准的多环芳烃有数十种,其中苯并[a]芘是毒性极大和广为限定的多环芳烃之一。因此,测定食品中的苯并[a]芘等多环芳烃的含量,对监控食品质量、保障食品安全具有重要意义。

2. 实验依据

1) 食品中苯并[a]芘的测定——高效液相色谱法[39]

原理: 食品样品首先经过有机溶剂提取,再经中性氧化铝或分子印迹小柱净化,净化液浓缩至干后用乙腈溶解,最后采用反相高效液相色谱分离,荧光检测器检测,色谱保留时间定性,外标法定量。

2) 食品中多环芳烃的测定——气相色谱-质谱法[40]

原理: 食品样品中的多环芳烃先用有机溶剂提取,提取液浓缩至近干后,再用*N*-丙基乙二胺(PSA)和C_{18}固相萃取填料净化(或用弗罗里硅土固相萃取柱净化),然后浓缩定容,最后采用气相色谱-质谱联用仪测定,色谱保留时间和选择性离子定性,外标法定量。

3. 材料与设备

1) 材料与试剂

材料: 压榨芝麻油,浓香菜籽油,煎炸废油。

试剂: 苯并[a]芘的测定　苯并[a]芘标准品(纯度>99%),苯并[a]芘分子印迹柱(500 mg,6 mL),微孔滤膜(0.45 μm),甲苯(色谱纯),乙腈(色谱纯),正己烷(色谱纯),二氯甲烷(色谱纯),苯并[a]芘标准储备液(1 mg 苯并[a]芘,甲苯定容至10 mL,0~5℃避光保存,保存期1年),苯并[a]芘标准中间液(1.0 μg/mL,0.1 mL 标准储备液乙腈定容至 10 mL，0～5℃避光保存，保存期 1 个月），苯并[*a*]芘标准工作液（用乙腈稀释标准中间液得到 0.5 ng/mL、1.0 ng/mL、5.0 ng/mL、10.0 ng/mL、20.0 ng/mL 的校准曲线溶液，临用现配）。

多环芳烃的测定　弗罗里硅土固相萃取柱（500 mg，3 mL），有机系微孔滤膜（0.22 μm），乙腈（色谱纯），正己烷（色谱纯），二氯甲烷（色谱纯），正己烷-二氯甲烷混合溶液（500 mL 正己烷＋500 mL 二氯甲烷），乙腈饱和的正己烷（800 mL 正己烷＋200 mL 乙腈，振摇混匀后取上层），多环芳烃混合标准溶液（200 μg/mL，－18℃下保存），多环芳烃标准中间液（1 000 ng/mL，0.5 mL 标准溶液乙腈定容至 100 mL，－18℃下保存），多环芳烃标准系列工作液（分别吸取多环芳烃标准中间液 0.10 mL、0.50 mL、1.0 mL、2.0 mL、5.0 mL、10.0 mL，用乙腈定容至 100 mL，所得浓度分别为 1 ng/mL、5 ng/mL、10 ng/mL、20 ng/mL、50 ng/mL、100 ng/mL）。

2）仪器与设备

苯并[*a*]芘的测定：具塞离心管（25 mL），试管，移液管（1 mL，10 mL），移液枪，进样瓶，高效液相色谱仪（配有荧光检测器），C_{18}色谱柱（250 mm×4.6 mm×5 μm），分析天平，涡旋振荡器，固相萃取装置，氮吹仪。

多环芳烃的测定：具塞玻璃离心管（20 mL，50 mL），鸡心瓶（100 mL），移液管（1 mL，5 mL，10 mL），量筒（50 mL），移液枪，进样瓶，气相色谱-质谱联用仪，DB－5 MS 色谱柱（30 m×0.25 mm×0.25 μm），分析天平，冷冻离心机，涡旋振荡器，超声波振荡器，氮吹仪，旋转蒸发仪。

4. 实验步骤

1）植物油中苯并[*a*]芘的测定步骤

高效液相色谱法测定植物油中苯并[*a*]芘含量的具体操作步骤如图 25－1 所示。

2）植物油中多环芳烃的测定步骤

气相色谱-质谱法测定植物油中多环芳烃含量的具体操作步骤如图 25－2 所示。

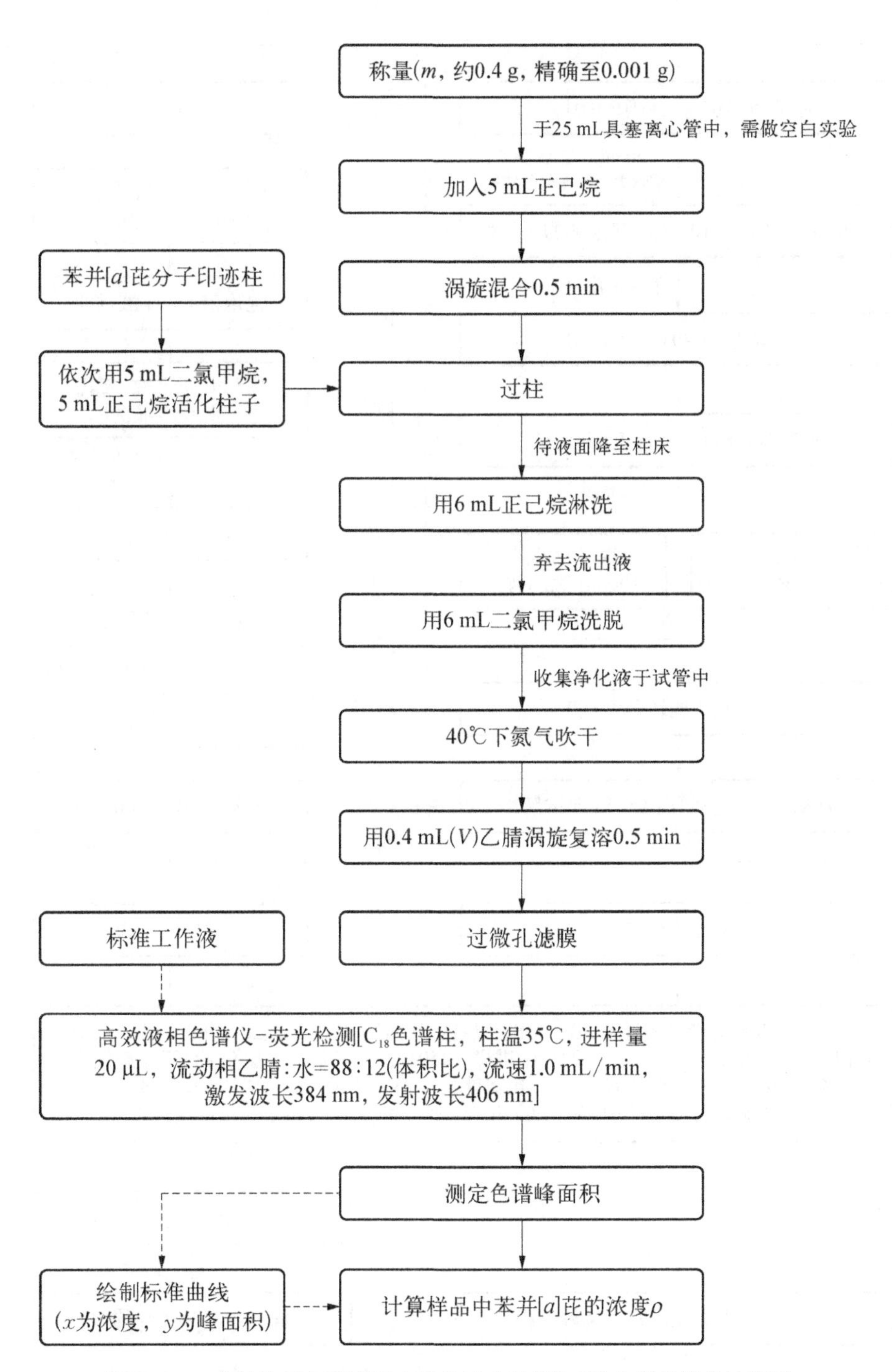

图 25-1 高效液相色谱法测定植物油中苯并[a]芘含量的操作流程图

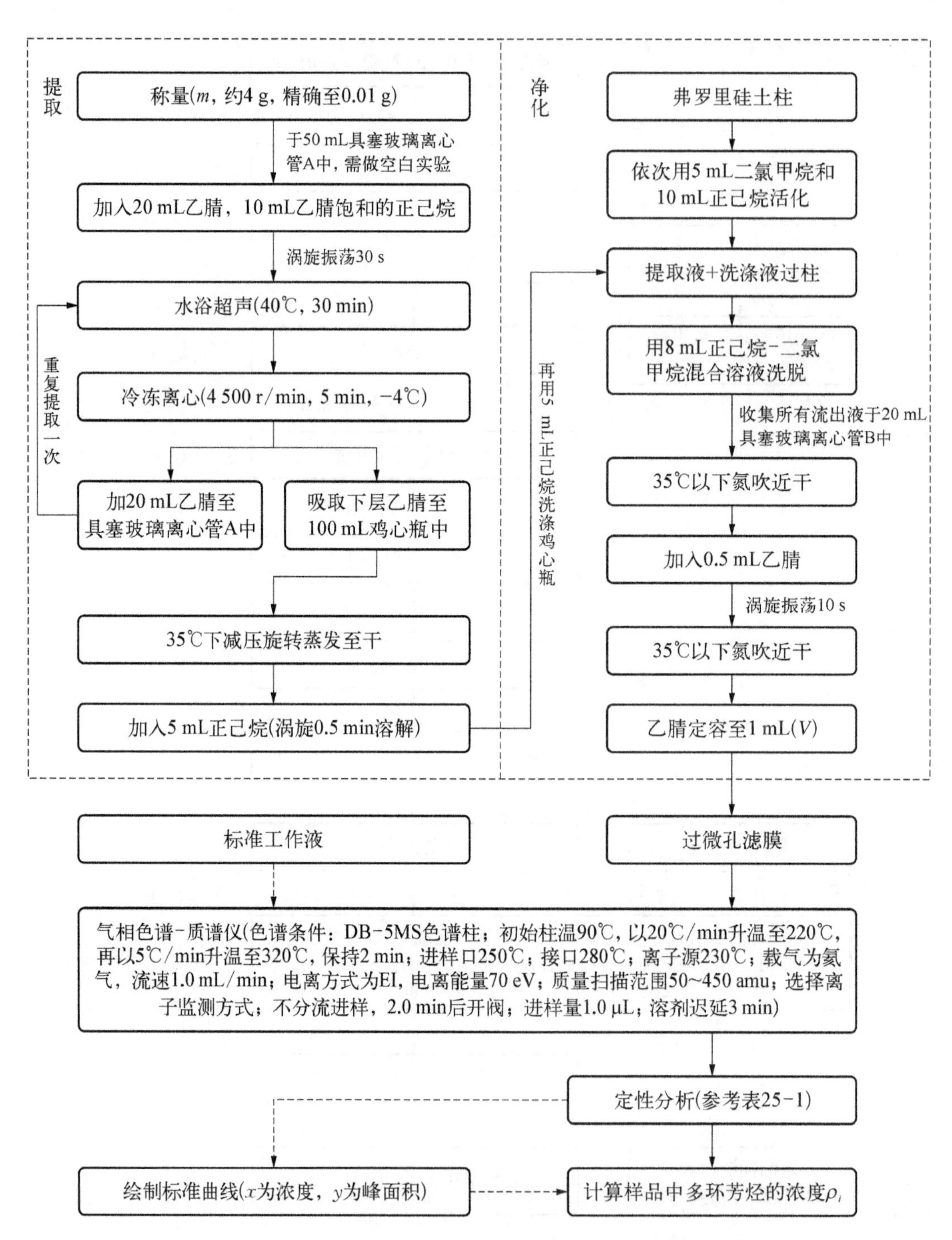

图 25-2 气相色谱-质谱法测定植物油中多环芳烃含量的操作流程图

根据表 25－1 进行多环芳烃的定性分析。

表 25－1　多环芳烃的参考保留时间和特征离子[40]

化合物名称	保留时间/min	选择离子		
		定量离子	定性离子	丰度比
萘	4.01	128	64，102	100∶6∶8
苊烯	5.82	152	63，76	100∶5∶17
苊	6.04	153	154，76	100∶94∶20
芴	6.66	166	165，82	100∶92∶9
菲	7.98	178	89，152	100∶9∶9
蒽	8.05	178	89，152	100∶10∶7
荧蒽	10.31	202	101，200	100∶13∶22
芘	10.85	202	101，200	100∶16∶24
苯并[a]蒽	14.50	228	114，226	100∶12∶23
䓛	14.64	228	114，226	100∶10∶36
苯并[b]荧蒽	18.38	252	126，250	100∶15∶16
苯并[k]荧蒽	18.48	252	126，250	100∶16∶20
苯并[a]芘	19.51	252	126，250	100∶16∶22
茚并[1，2，3－c，d]芘	23.35	276	138，277	100∶19∶22
二苯并[a，h]蒽	23.47	278	138，276	100∶12∶30
苯并[g，h，i]苝	24.14	276	138，277	100∶24∶23

5. 注意事项

(1) HPLC 法适用于谷物及其制品(稻谷、糙米、大米、小麦、小麦粉、玉米、玉米面、玉米渣、玉米片)、肉及肉制品(熏、烧、烤肉类)、水产动物及其制品(熏、烤水产品)、油脂及其制品中苯并[a]芘的测定；GC－MS 法适用于食品中 16 种多环芳烃(萘、苊烯、苊、芴、菲、蒽、荧蒽、芘、苯并[a]蒽、䓛、苯并[b]荧蒽、苯并[k]荧蒽、苯并[a]芘、茚并[1,2,3－c,d]芘、二苯并[a,h]蒽和苯并[g,h,i]苝)的测定。原料不同，提取和净化方法稍有不同，可参照《食品安全国家标准　食品中苯并[a]芘的测定》(GB 5009.27—2016)和《食品安全国家标准　食品中多环芳烃的测定》(GB 5009.265—2016)。

(2) 测定应全程在通风柜中进行，须戴手套，减少暴露；氮吹过程中，要留意观察防止完全吹干。

(3) 一定要注意标准品和标准溶液的配制和存放时间，以确保不使用失效和过期标准品和溶液。

(4) HPLC 测定苯并[a]芘含量时,计算结果应扣除空白值,保留到小数点后一位。GC-MS 测定多环芳烃含量时,计算结果应扣除空白值,含量大于等于 10 μg/kg 时,保留三位有效数字;含量小于 10 μg/kg 时,保留两位有效数字。两种方法在重复性条件下获得的两次独立测定结果的绝对差值均不得超过算术平均值的 20%。

(5) 苯并[a]芘的检出限为 0.2 μg/kg,定量限为 0.5 μg/kg;多环芳烃的检出限和定量限可参见 GB 5009.265—2016 中表 5(样品 4 g,定容体积 1 mL)。

6. 结果分析

1) 苯并[a]芘含量的计算

按表 25-2 记录食品中苯并[a]芘含量测定的相关实验数据。

表 25-2 苯并[a]芘含量测定的数据记录表

标准曲线	样品中苯并[a]芘的浓度/(ng/mL)		
	1	2	平均值

样品中苯并[a]芘含量的计算公式如下:

$$X = \frac{\rho \times V}{m} \times \frac{1\,000}{1\,000}$$

式中 X ——样品中苯并[a]芘的含量,μg/kg;

ρ ——由标准曲线得到的样品净化液中苯并[a]芘的浓度,ng/mL;

V ——样液最终的定容体积,mL;

m ——样品质量,g;

1 000 ——单位换算系数。

2) 多环芳烃含量的计算

按表 25-3 记录食品中多环芳烃含量测定的相关实验数据。

表 25-3 多环芳烃含量测定的数据记录表

多环芳烃	标准曲线	样品中浓度/(ng/mL)		
		1	2	平均值
萘				
苊烯				

续　表

多环芳烃	标准曲线	样品中浓度/(ng/mL)		
		1	2	平均值
苊				
芴				
菲				
蒽				
荧蒽				
芘				
苯并[a]蒽				
苯并[b]荧蒽				
苯并[k]荧蒽				
苯并[a]芘				
茚并[1,2,3-c,d]芘				
二苯并[a,h]蒽				
苯并[g,h,i]苝				

样品中多环芳烃含量的计算公式如下：

$$X_i = \frac{\rho_i \times V}{m} \times \frac{1\,000}{1\,000}$$

式中　X_i——样品中多环芳烃的含量，μg/kg；

ρ_i——由标准曲线得到的样品净化液中多环芳烃 i 的浓度，ng/mL；

V——样液最终的定容体积，mL；

m——样品质量，g；

1 000——单位换算系数。

7. 思考讨论

(1) 比较高效液相色谱法和气相色谱-质谱联用法测定苯并[a]芘含量的优缺点。

(2) 简述国内外食品中苯并芘安全限量的差异。

(3) 简述实验心得体会。

实验二十六

食用油脂氧化稳定性的测定

1. 目的和意义

目的：掌握加速氧化测定食用油脂氧化稳定性的方法。

意义：氧化稳定性对食品（尤其是油脂类和高脂类食品）的储存十分关键。常温监测食品的氧化稳定性常常需要较长的时间，短则一个月，长则数月或者数年，因此采用加速氧化可以大大缩短评估食品氧化稳定性的时间，达到预测其货架期的目的。加速氧化反映的是油脂在高温下的氧化稳定性，该法具有自动化程度高、测定时间短（几到十几小时）、一次测定样品个数多、不需要有机溶剂等优点。

2. 实验依据[41]

原理：通过加热反应容器中的油脂或高脂样品，同时借助空气的持续通入，加速样品的氧化过程。该过程会导致样品中的脂肪酸分子氧化。起初，产生过氧化物等初级氧化产物；经过一段时间，产生次级氧化产物，包括挥发性的小分子羧酸，例如乙酸和甲酸。这些挥发性的羧酸产物被传送到含有蒸馏水的测量杯中，引起容器中水溶液的电导率快速增加。出现次级氧化反应产物所消耗的时间为诱导时间，也称诱导期或油稳定性指数（oil stability index，OSI）。此值表征样品抗氧化特性，样品的诱导时间越长，说明样品的氧化稳定性越强。

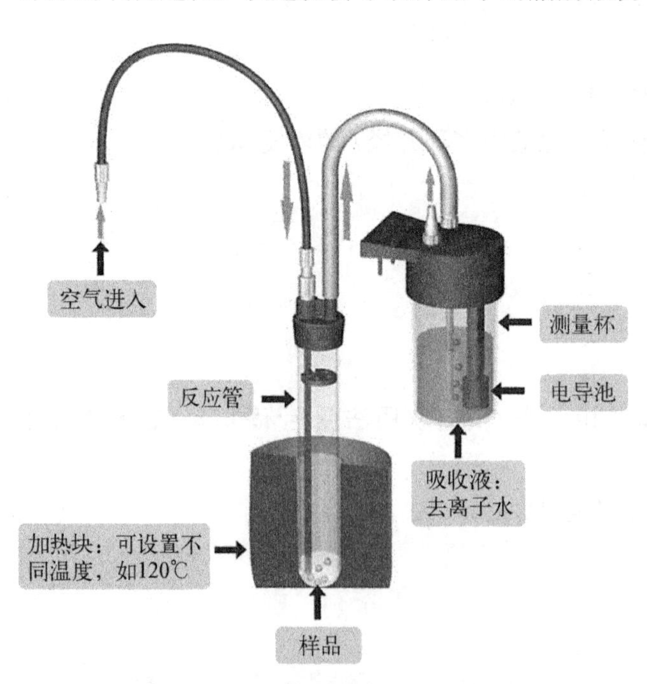

图 26－1　油脂氧化稳定性分析仪的基本结构

氧化稳定性分析仪的基本结构如图 26－1 所示。

3. 材料与设备

1）材料与试剂

材料：亚麻籽油，芝麻油，大豆油，核桃油，菜籽油，紫苏油等。

试剂：蒸馏水。

2）仪器与设备

量筒（100 mL），分析天平，油脂氧化稳定性分析仪。

4. 实验步骤

氧化稳定性分析仪测定食用油脂氧化稳定性的具体操作步骤如图 26－2 所示。

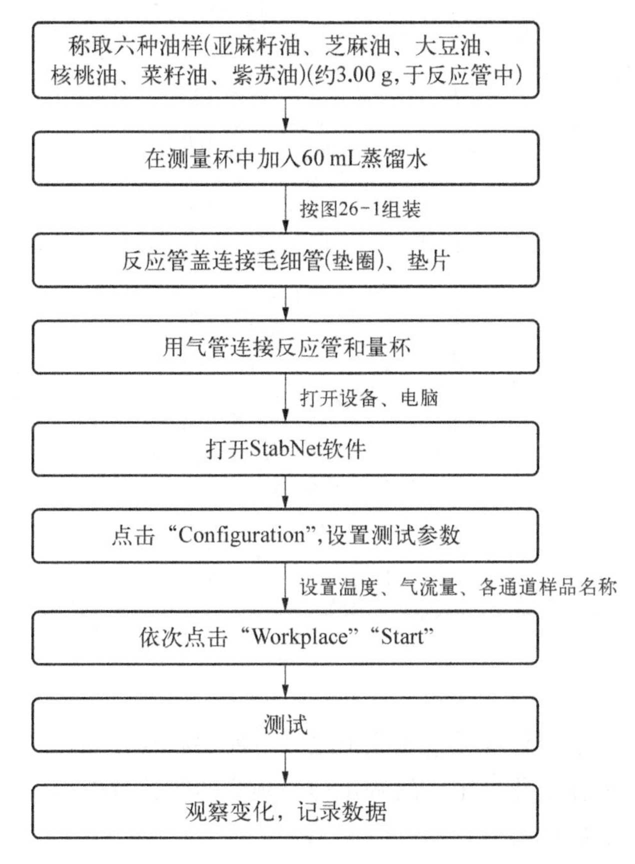

图 26－2　氧化稳定性分析仪测定食用油脂氧化稳定性的流程图

5. 注意事项

（1）本法不适用于常温下油脂稳定性的准确评估，但可用于比较添加到油脂中的抗氧化剂的抗氧化效率。

（2）在组装测量杯时，为保证酸性物质能被吸收液完全吸收，杯中的导管方向应当与电导池相反。

(3) 由于加热模块的温度与实际温度略有不同，在测定实际样品在某一温度下的氧化稳定性时，设定温度应适当调高(测定温度为 120℃时，设定温度为 121.6℃)。

6. 结果分析

按表 26-1 记录食用油脂氧化稳定性测定的相关实验数据。

表 26-1　食用油脂氧化诱导时间记录表

样　　品	实验序号	测定温度/℃	诱导时间/h
亚麻籽油	1	120	
	2	120	
芝麻油	1	120	
	2	120	
大豆油	1	120	
	2	120	
核桃油	1	120	
	2	120	
菜籽油	1	120	
	2	120	
紫苏油	1	120	
	2	120	

7. 思考讨论

(1) 油脂的氧化稳定性与其过氧化值之间有何关联及异同?

(2) 简述如何根据氧化稳定性的测定结果预测油脂的货架期。

(3) 简述实验心得体会。

实验二十七

食用油脂碘值的测定

1. 目的和意义

目的： 掌握测定食用油脂碘值的方法。

意义： 碘值是指每 100 g 油脂所吸收的碘的克数。碘值越高，说明油脂中的双键（通常为脂肪酸碳链上的碳碳双键）越多，不饱和度越高，越容易氧化。因此，碘值的大小不仅可以反映油脂的不饱和程度，还可以反映油脂的脂肪酸组成和有无掺杂。

2. 实验依据[42]

原理： 用溶剂溶解油脂样品，接着加入韦氏（Wijs）试剂，韦氏试剂中的氯化碘与油脂中的不饱和脂肪酸发生加成反应，反应方程式如下：

$$CH_3—CH=CH—COOH + ICl \rightarrow CH_3—CHI—CHCl—COOH$$

接着加入过量的碘化钾与剩余的氯化碘作用，以析出碘，反应方程式如下：

$$KI + ICl \rightarrow KCl + I_2$$

最后，用硫代硫酸钠标准溶液滴定析出的碘，反应方程式如下：

$$I_2 + 2Na_2S_2O_3 \rightarrow Na_2S_4O_6 + 2NaI$$

同时做空白试验进行对照，从而计算样品加成的氯化碘（以碘计）的量，求出碘值。

3. 材料与设备

1）材料与试剂

材料： 大豆油，花生油，核桃油，菜籽油，亚麻籽油，山茶籽油。

试剂： 碘化钾溶液（100 g/L），淀粉溶液（5 g 可溶性淀粉，加入 30 mL 水混匀，再加入 1 000 mL 沸水，煮沸 3 min，冷却），硫代硫酸钠标准溶液（$Na_2S_2O_3 \cdot 5H_2O$，0.1 mol/L，标定后 7 天内使用），环己烷-冰乙酸混合溶剂（1∶1），韦氏试剂（25 g 一氯化碘+1 500 mL 冰乙酸）。

2）仪器与设备

具塞锥形瓶（500 mL），量筒（25 mL，250 mL），移液管（10 mL），碱式滴定管，分析天平。

4. 实验步骤

食用油脂碘值测定的具体操作步骤如图 27－1 所示。

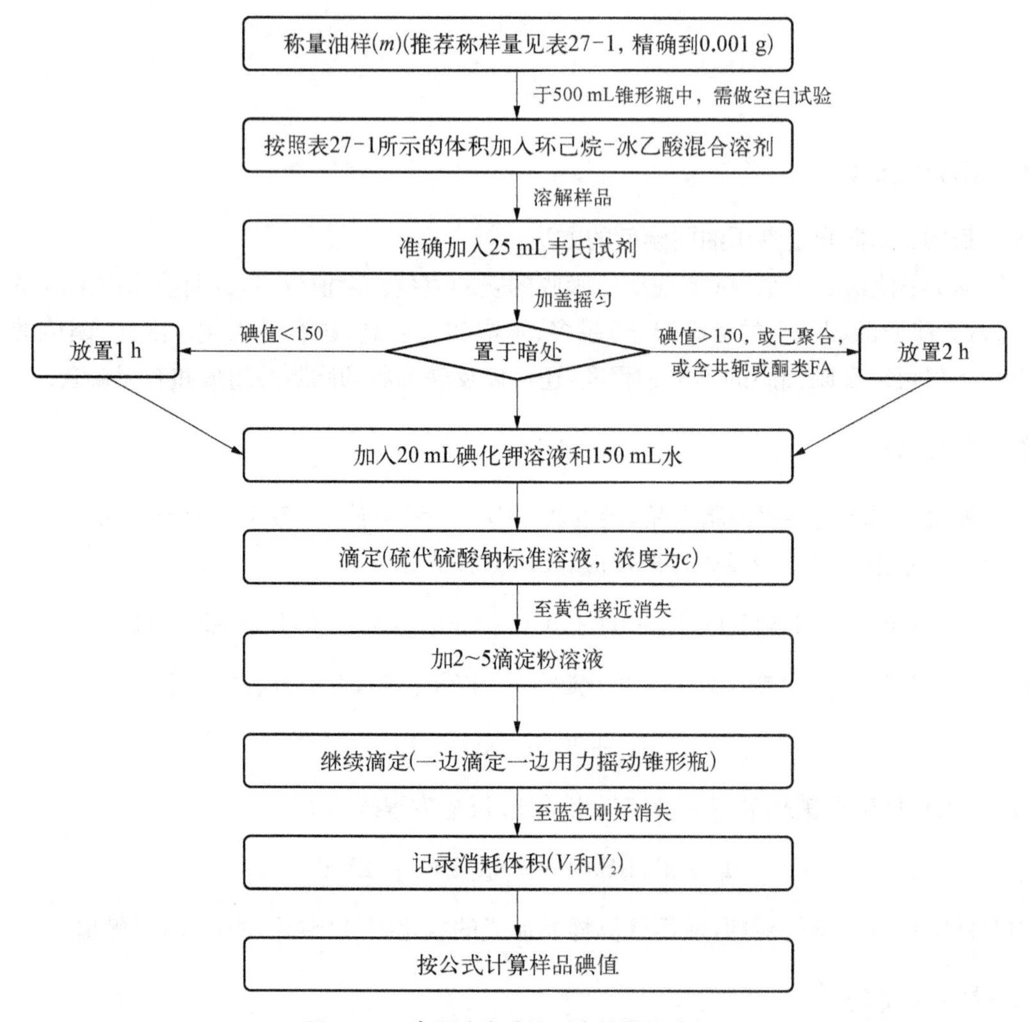

图 27－1　食用油脂碘值测定的操作流程图

表 27－1　样品称取质量和加入溶剂的体积[42]

预估碘值/(g/100 g)	样品质量/g	环己烷-冰乙酸体积/mL
<1.5	15.00	25
1.5～2.5	10.00	25
2.5～5	3.00	20
5～20	1.00	20

续　表

预估碘值/(g/100 g)	样品质量/g	环己烷-冰乙酸体积/mL
20～50	0.40	20
50～100	0.20	20
100～150	0.13	20
150～200	0.10	20

5. 注意事项

(1) 本法适用于食用动植物油脂中碘值的测定。

(2) 光线和水分对氯化碘起作用，影响很大，要求所用仪器必须清洁、干燥，碘液试剂必须用棕色瓶盛放，置于干燥、阴暗处。

(3) 样品的质量必须能保证所加入的韦氏试剂过量 50%～60%，即吸收量的 100%～150%；加入碘液的速度、放置时间和温度要与空白试验相一致。

(4) 当样品碘值小于 20 g/100 g 时，计算结果精确到 0.1；当样品碘值为 20～60 g/100 g时，计算结果精确到 0.5；当样品碘值大于 60 g/100 g 时，计算结果精确到 1。

(5) 本法的精密度、重复性、再现性和误差评价参照《动植物油脂　碘值的测定》(GB/T 5532—2008)中的表 3 和附录 A。

6. 结果分析

按表 27－2 记录食用油脂碘值测定的相关实验数据。

表 27－2　食用油脂碘值测定的数据记录表

	实验序号	滴定起点/mL	滴定终点/mL	滴定体积/mL
空白	1			
	2			
	3			
样品	1			
	2			
	3			

样品中碘值的计算公式如下：

$$W_1 = \frac{12.69 \times c \times (V_1 - V_2)}{m}$$

式中 W_1——油脂样品的碘值，g/100 g；

c——硫代硫酸钠标准溶液的浓度，mol/L；

V_1——空白溶液消耗硫代硫酸钠标准溶液的体积，mL；

V_2——样品溶液消耗硫代硫酸钠标准溶液的体积，mL；

m——样品质量，g；

12.69——反应换算系数[与 1 mL 硫代硫酸钠标准溶液（c=1 mol/L）相对应的碘的质量]。

7. 思考讨论

(1) 在测定碘值时，为什么不直接使用单质碘而是用氯化碘与脂肪酸发生加成反应?

(2) 碘值为 0 时表示什么含义?

(3) 简述实验心得体会。

实验二十八

食用油脂中不皂化物含量的测定

1. 目的和意义

目的：掌握乙醚提取测定动植物油脂中不皂化物含量的方法。

意义：动植物油脂中的不皂化物是指不能被碱皂化的物质，主要包括甾醇、高分子脂肪醇、色素、维生素 E、角鲨烯、谷维素等，其中多为与脂肪酸功能不同的生物活性物质，是油脂营养和健康功效的重要脂质伴随物，在油脂、食品、医药、化妆品等工业中应用广泛。测定动植物油脂中的不皂化物，既可以了解油脂的质量和特性，又可以精准判断油脂加工副产物的利用价值。

2. 实验依据[43]

原理：油脂与氢氧化钾的乙醇溶液在煮沸回流条件下发生皂化反应，皂化反应完成后，其中的不皂化物不溶于水，可以溶于有机溶剂。因此，可以用乙醚等有机溶剂从反应产生的皂化液中提取不皂化物，对提取液中的溶剂乙醚蒸发后，再对残留物干燥、称量，即可计算得到油脂中不皂化物的含量。

3. 材料与设备

1) 材料与试剂

材料：冷榨芝麻油，浓香菜籽油，浓香花生油，精炼菜籽油，精炼葵花籽油。

试剂：乙醚，丙酮，氢氧化钾-乙醇溶液(≈1 mol/L，50 mL 水+60 g 氢氧化钾，用 95%乙醇稀释至 1 000 mL)，氢氧化钾水溶液(≈0.5 mol/L)，酚酞指示液(10 g/L，溶剂为 95%乙醇)。

2) 仪器与设备

圆底烧瓶(250 mL)，分液漏斗(500 mL)，移液管(5 mL)，量筒(25 mL，50 mL，100 mL)，碱式滴定管，回流冷凝管，水浴锅，电烘箱，分析天平，干燥器。

4. 实验步骤

食用油脂中不皂化物含量测定的具体操作步骤如图 28-1 所示。

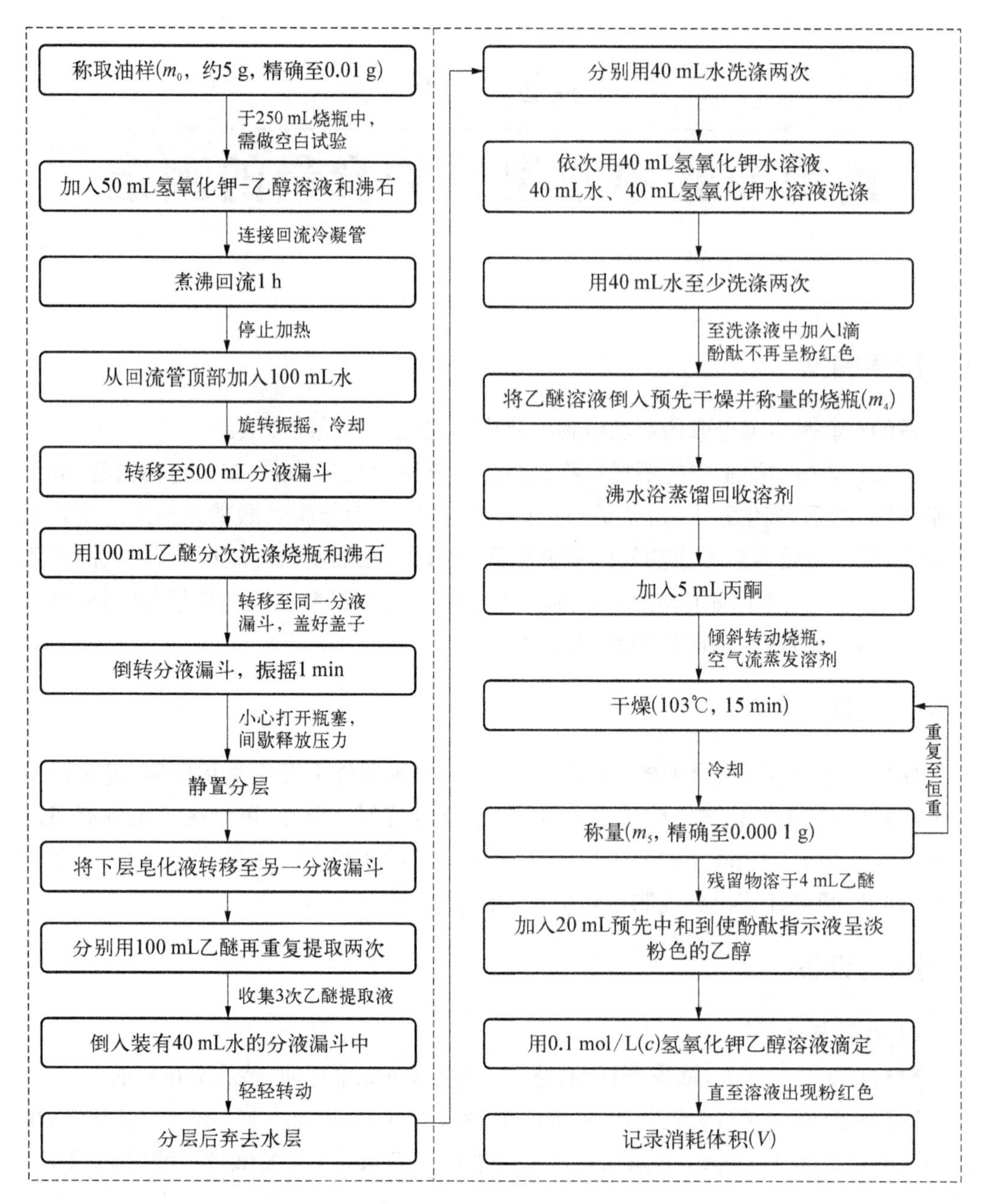

图 28-1 食用油脂中不皂化物含量测定的操作流程图

5. 注意事项

(1) 本法适用于食用油脂中不皂化物含量的测定，不适用于蜡。对于某些不皂化物含量高的油脂，如海产动物油脂，仅能得到近似结果。

(2) 在向皂化液中加入乙醚提取不皂化物时，如果形成乳化液，可加入少量乙醇或浓氢氧化钾或氯化钠溶液进行破乳。第一次对乙醚提取液洗涤时，防止形成乳化液，应轻轻转动分液漏斗，之后每次洗涤都要剧烈振摇。排出洗涤液时需留 2 mL，然后沿轴线旋转分液漏斗，等待几分钟让保留的水层分离，弃去水层，当乙醚溶液到达旋塞口时关闭旋塞。

(3) 前后两次质量差不超过 1.5 mg 视为恒重。在对残留物进行重复干燥时应间隔 15 min。若空白试验残留物超过 1.5 mg，需对试剂和方法进行检查。

(4) 用两次不皂化物含量测定的算术平均值作为结果。

6. 结果分析

按表 28－1 和表 28－2 记录食用中油脂中不皂化物测定的相关实验数据。

表 28－1　食用油脂中不皂化物测定的数据记录表

	实验序号	样品质量 (m_0)/g	烧瓶质量 (m_4)/g	烧瓶＋残留物质量 (m_5)/g	残留物质量/g
空白	1	—			
	2	—			
样品	1				
	2				

表 28－2　残留物中游离脂肪酸质量测定的校正数据记录表

	实验序号	滴定起点/mL	滴定终点/mL	滴定体积/mL
样品	1			
	2			

样品中不皂化物含量的计算公式如下：

$$X = \frac{m_1 - m_2 - m_3}{m_0} \times 100\%$$

$$m_1 = m_{5样品} - m_{4样品}$$

$$m_2 = m_{5空白} - m_{4空白}$$

$$m_3 = 0.28V \times c$$

式中　X——油脂样品中不皂化物的含量；

m_0——样品的质量，g；

m_1——残留物的质量，g；

m_2——空白试验的残留物质量，g；

m_3——游离脂肪酸的质量(以油酸计);

V——氢氧化钠乙醇标准溶液滴定时所消耗的体积,mL;

c——氢氧化钠乙醇标准溶液的浓度,mol/L g。

7. 思考讨论

(1) 对本方法使用的乙醚纯度有何要求?

(2) 除了乙醚外,通常还用什么溶剂提取油脂皂化液中的不皂化物?

(3) 简述实验心得体会。

实验二十九

食用油脂 2-硫代巴比妥酸值的测定

1. 目的和意义

目的：掌握直接法测定动植物油脂中 2-硫代巴比妥酸值。

意义：2-硫代巴比妥酸(TBA)值常用来表征油脂二次氧化产物的多少，是测定油脂氧化指标较为常用的一种方法。TBA 值反映了油脂中不饱和脂肪酸氧化产生的低分子量的醛类等次级氧化产物，如丙二醛(MDA)。通过 TBA 值的测定，可以反映油脂醛类氧化产物(主要是丙二醛)的含量高低，进而用于检测油脂氧化酸败的程度。

2. 实验依据[44]

原理：油脂的二次氧化产物(主要是丙二醛)与 TBA 反应形成缩合物，在 530 nm 波长处具有最大吸收峰，测定其吸光度。TBA 值是指 1 mg 样品与 1 mL TAB 试剂反应，在 530 nm 波长下测得的吸光度，该值没有单位，是以溶于 100 mL 溶剂和溶剂反应所测得的吸光度值为 1 个计量单位。

3. 材料与设备

1) 材料与试剂

材料：核桃油，花生油，亚麻籽油，山茶籽油，紫苏油，餐厨废油，鱼油。

试剂：1-丁醇(水分含量≤0.2%)，TBA 试剂(称量 0.200 g TBA，用 1-丁醇稀释至刻度，室温静置 12～15 h 后用滤纸过滤，滤液再次用 1-丁醇定容至 100 mL，0～4℃下保存，有效期 1 周)。

2) 仪器与设备

容量瓶(25 mL，100 mL)，移液管(5 mL)，具塞试管(20 mL)，水浴锅，分光光度计(配 10 mm 比色皿)。

4. 实验步骤

直接法测定食用油脂 TBA 值的具体操作步骤如图 29-1 所示。

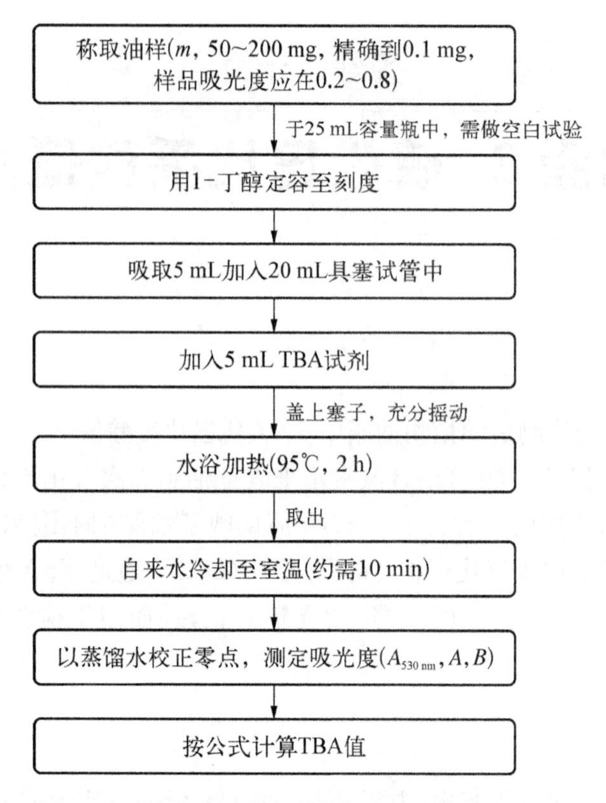

图 29-1　直接法测定食用油脂 TBA 值的操作流程图

5. 注意事项

(1) 本法适用于动植物油脂、脂肪酸及其酯类、乙二醇酯类中 TBA 值的测定。

(2) 高海拔空气稀薄地区可使用油浴或沙浴，将温度维持在 95℃。固体油脂在不高于其熔点 10℃下熔化，熔化后若样品不够澄清，可进行过滤。黄油在 40℃下熔化，并用亲水过滤器过滤除去水分。

(3) 空白试剂吸光度应不超过 0.1，否则应制备新的符合纯度要求的 TBA 试剂。由于 1-丁醇不纯可导致空白试剂吸光度超过 0.1，将 0.1%TBA 溶剂蒸馏 2 h 可除去其中所含杂质。1-丁醇中的水分可以通过蒸馏去除，弃掉初始溶液，收集乳白色溶液。

(4) 当空白试剂吸光度低于 0.05 时，可忽略试剂空白，被测溶液的吸光度通过蒸馏水校正后直接测得。计算结果保留三位小数。

6. 结果分析

按表 29-1 记录食用油脂 TBA 值测定的相关实验数据。

表29-1　食用油脂TBA值测定的数据记录表

实验序号	1	2	3	平均值
空白($A_{530\ nm}$)				
样品($A_{530\ nm}$)				

油脂中TBA值的计算公式如下：

$$TBA=\frac{50\times(A-B)}{m}$$

式中　TBA——2-硫代巴比妥酸值；

A——被测溶液的吸光度；

B——空白试剂的吸光度；

m——样品的质量，mg；

50——样品用1-丁醇稀释至25 mL，并用10 mm比色皿测定吸光度的有效因子。

7. 思考讨论

(1) TBA值测定和丙二醛值测定有何异同?

(2) 油脂的二次氧化产物包含哪些化合物?

(3) 简述实验心得体会。

实验三十

食用油脂中矿物油的定性检测

1. 目的和意义

目的： 掌握动植物油脂中矿物油的定性检测方法。

意义： 矿物油的主要成分是烃类，大多为 C_{10}～C_{50} 烃类化合物，包括直链、支链和环状芳烃以及烷基取代芳烃等，化学成分复杂。由于矿物油的广泛应用，使其容易通过生产链迁移污染食用油脂，造成潜在健康风险。因此，测定食用油脂中是否存在矿物油，对保障动植物油脂的质量安全十分重要。

2. 实验依据[45]

原理： 矿物油通常是指开采出来的原油加工产品，即原油经过常压或者减压蒸馏、溶剂精制、脱蜡和脱沥青等炼制工艺和精制工艺而制得的基础油。动植物油脂中的主要脂质在加热条件下易与强碱溶液发生皂化反应，反应产物（甘油、水和皂）在热水中溶解而呈透明状态；矿物油不能被强碱皂化，且不溶于热水，如果动植物油脂中含有或掺有矿物油，在皂化后溶液呈浑浊状态。因此，通过皂化液的澄清透明程度，可定性判定动植物油脂中是否混有矿物油。

3. 材料与设备

1）材料与试剂

材料： 菜籽油，花生油，沙棘籽油，玉米油。

试剂： 无水乙醇，氢氧化钾溶液（15 g 氢氧化钾＋10 mL 水），沸石。

2）仪器与设备

水浴锅，冷凝管，磨口三角瓶（250 mL），量筒（25 mL），移液管（1 mL），分析天平。

4. 实验步骤

食用油脂中矿物油定性检测的具体操作步骤如图 30－1 所示。

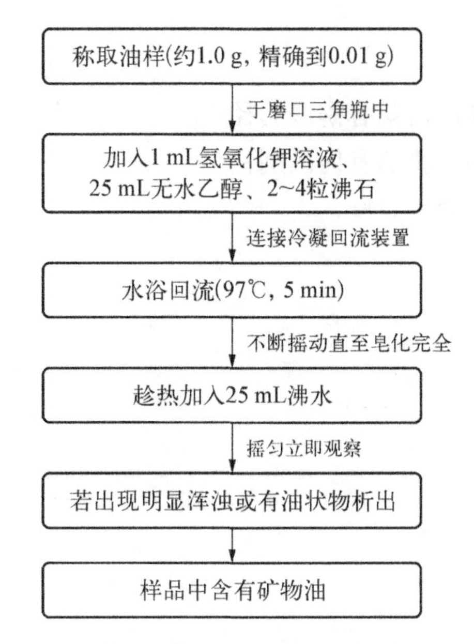

图 30-1　食用油脂中矿物油定性检测操作流程图

5. 注意事项

（1）本法适用于蜡酯含量低于 0.5%的动植物油脂中矿物油的检测。

（2）本法最低检出限为 0.5%。

6. 结果分析

向皂化液中加入煮沸的蒸馏水，仔细观察，拍摄照片作为实验结果，并按表 30-1 记录实验现象。

表 30-1　食用油脂中矿物油定性测定实验现象记录表

油样编号	油样名称	目测结果	
		是否浑浊	是否析出油状物
1			
2			
3			

7. 思考讨论

（1）食用油脂被矿物油污染有哪些途径？
（2）食品级润滑油和矿物油有何区别？
（3）简述实验心得体会。

实验三十一

食用油脂熔点的测定

1. 目的和意义

目的： 掌握测定食用油脂熔点的方法。

意义： 有一些油脂(特别是动物油脂)在常温下呈固态，有时需要在熔化状态下使用或分析，有时需要了解其熔点以便准确应用在相关食品的加工之中。油脂的熔点不仅可以间接反映油脂的纯度，还可以评估其加工性能(如猪油在焙烤食品中的良好起酥性)和口感(如可可脂入口即化的特异熔程)。

2. 实验依据[46]

原理： 固态脂肪受热后，到一定温度会开始变为液态，根据这一物理变化，将含有一已凝固的被测脂肪毛细玻璃管浸入一定深度的水中，按一定速率升温，观察到的毛细玻璃管内脂肪柱开始上升时的温度，即该被测脂肪的熔点。

3. 材料与设备

1) 材料与试剂

材料： 猪油，牛油，羊油。

试剂： 冰块。

2) 仪器与设备

烧杯(100 mL，500 mL)，毛细玻璃管(内径 1.0～1.2 mm，外径 1.3～1.6 mm，壁厚 0.15～0.20 mm，长度 50～60 mm)，局浸式温度计(分刻度为 0.1℃或 0.2℃)，冰箱，水浴锅，电热源(可调节升温速率的加热磁力搅拌装置)。

4. 实验步骤

食用油脂熔点测定的具体操作步骤如图 31－1 所示。

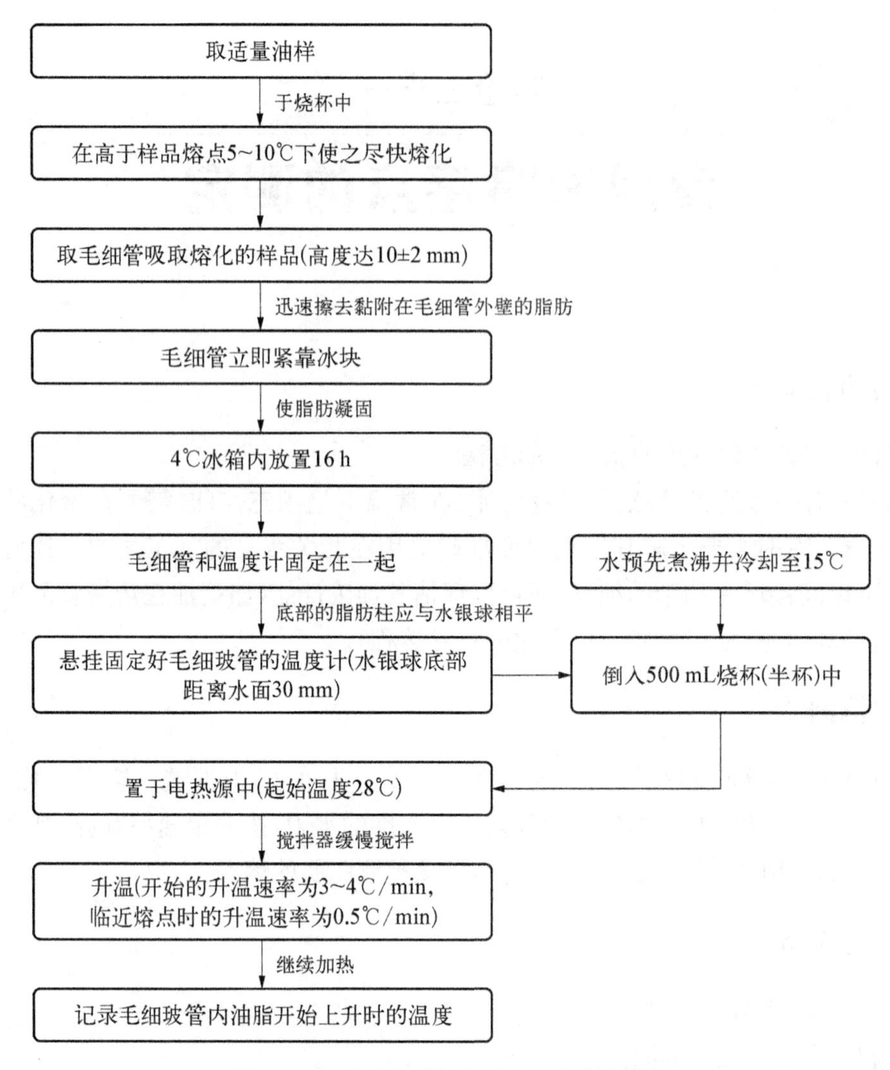

图 31-1　食用油脂熔点测定的操作流程图

5. 注意事项

（1）本法适用于常温下凝固的动物油脂熔点的测定。

（2）水银球插入被测系统内而部分水银柱露在系统之外时设定温度刻度的温度计属于局浸式温度计。使用局浸式温度计测定，在接近熔点时，需调整温度计的浸没深度，使其浸没线恰与加热后的传热介质液面齐平。

（3）熔点取三次平行试验的平均值，结果精确到 0.1℃。其中，两次平行结果之差不得超过 0.5℃。

6. 结果分析

按表 31-1 记录食用油脂熔点测定的相关实验数据。

表 31－1　食用油脂熔点的数据记录表

试验次数	油样熔点/℃		
	猪　油	牛　油	羊　油
1			
2			
3			
平均值			

7. 思考讨论

（1）有哪些植物油脂在常温下呈固态？动物油脂的熔点与其脂肪酸组成有何关系？

（2）还可以用哪些方法测定油脂的熔点？

（3）简述实验心得体会。

实验三十二

食用油脂中甾醇的测定

1. 目的和意义

目的：掌握气相色谱测定油脂中甾醇组成和含量的方法。

意义：甾体被称为“生命的钥匙”，甾醇又称固醇，是广泛存在于生物体内的一类重要的生理活性物质，按其来源可分为动物甾醇、植物甾醇和微生物甾醇三大类。动物甾醇的典型代表为胆固醇，植物甾醇的突出代表为谷甾醇和豆甾醇，微生物甾醇常见的有麦角甾醇。甾醇和人体健康息息相关，测定油脂中的甾醇对判定油脂真伪、评价油脂品质、高值开发油脂副产物和甾醇衍生品，具有重要意义。

2. 实验依据[47]

原理：油脂样品经氢氧化钾的乙醇溶液皂化，甾醇存在于皂化后的不皂化物中，不皂化物经氧化铝层析柱萃取分离。脂肪酸阴离子被氧化铝层析柱吸附，甾醇流出层析柱，然后通过薄层色谱法分离不皂化物，将甾醇定点取出。最后以桦木醇为内标物，采用气相色谱法对甾醇及其含量进行测定。

3. 材料与设备

1）材料与试剂

材料：大豆油，菜籽油，稻米油，猪油，橄榄油；滤纸，沸石。

试剂：甲醇，乙醚，氢氧化钾-乙醇溶液（0.5 mol/L，3 g 氢氧化钾溶于 5 mL 水中，再加入 100 mL 乙醇），氧化铝（中性，Ⅰ级活性），桦木醇内标溶液（1.0 mg/mL，溶剂为丙酮），展开剂[V(已烷)：V(乙醚)＝1：1]，薄层色谱用标准溶液（1.0 mg/mL 胆甾醇丙酮溶液，5.0 mg/mL 桦木醇丙酮溶液），硅烷化试剂[在 N-甲基-N-三甲基硅烷七氟丁酰胺（MSHFBA）中加入 50 μL 1-甲基咪唑]。

2）仪器与设备

圆底烧瓶（25 mL，50 mL），量筒（50 mL，100 mL），烧杯（50 mL），移液管（1 mL，5 mL），刀片，喷壶，玻璃漏斗，回流冷凝器，玻璃柱（25 cm×1.5 cm，具聚四氟乙烯活塞、烧结玻璃纱芯及 100 mL 储液器），硅胶薄层色谱板（20 cm×20 cm，薄层厚度 0.25 mm），玻璃展开槽，微量移液管（100 μL），反应瓶（0.3 mL），气相色谱用微量注射器(1 μL)，烘箱，干燥器，电热炉，旋转蒸发器，气相色谱仪(石英玻璃或玻璃毛细管柱，SE－54，50 m×0.25 mm×0.10 μm)，分析天平，通风橱。

4. 实验步骤

气相色谱法测定食用油脂中甾醇组成和含量的具体操作步骤如图 32－1 所示。

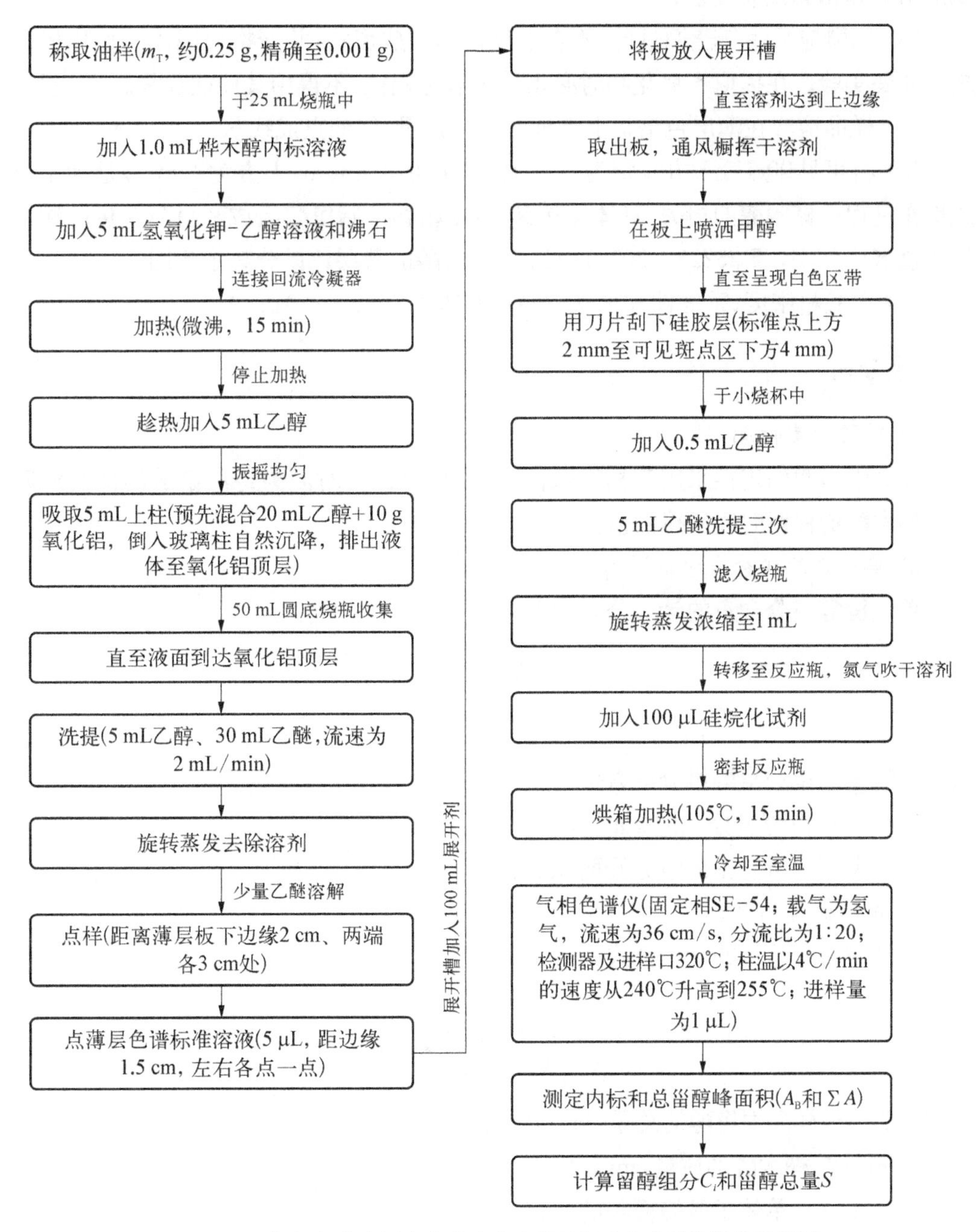

图 32－1　气相色谱法测定食用油脂中甾醇组成和含量的操作流程图

5. 注意事项

(1) 本法适用于油脂中甾醇组成和总量的测定。如果测定样品为橄榄油,则采用胆甾烷醇代替桦木醇作为内标物。

(2) 对于甾醇含量低于 100 mg/100 g 的油脂,可用三倍量的试样,并相应地调整试剂用量和相关仪器设备。

(3) 乙醚应采用新蒸馏过的,不含过氧化物和残留物;并严格按照乙醚使用操作规范开展实验。在提取不皂化物时必须采用氧化铝柱,不得用其他柱代替。

(4) 样品溶液在薄层色谱板上点样时无须定量,样液点成线状。

(5) 将可见斑点区下方设定为宽于上方(下方为 4 mm,上方为 2 mm)是为了避免操作过程中桦木醇的损失,具体操作参见《动植物油脂甾醇组成和甾醇总量的测定 气相色谱法》(GB/T 25223—2010)中的图 1“甾醇的薄层色谱分离示意图”。

(6) 实验精密度、重复性和再现性参见 GB/T 25223—2010。

6. 结果分析

1) 甾醇的定性测定

样品中甾醇的定性采用其相对保留时间,相对保留时间为待测甾醇的保留时间除以桦木醇的保留时间所得的值。

2) 单一甾醇组分含量的计算

单一甾醇组分含量的计算公式如下:

$$C_i = \frac{A_i}{\sum A} \times 100\%$$

式中 C_i——单一甾醇组分的含量;

A_i——甾醇组分 i 的峰面积;

$\sum A$ ——所有甾醇组分峰面积的和。

3) 甾醇总量的计算

样品中甾醇总量的计算公式如下:

$$S = \frac{\sum A \times m_B}{A_B \times m_T} \times 100$$

式中 S ——样品中甾醇的总量,mg/100 g;

m_B——桦木醇的质量,mg;

$\sum A$ ——单体甾醇峰面积的和;

A_B——桦木醇内标的峰面积;

m_T——样品的质量,g;

100——单位换算系数。

为了计算甾醇总量,应考虑除高根二醇和熊果醇峰以外的、从胆甾醇开始到△7-燕麦甾烯醇结束的所有甾醇的峰。

7. 思考讨论

(1) 为什么测定橄榄油时不能用桦木醇作为内标?

(2) 植物甾醇在食品和医药中有哪些具体的应用?

(3) 简述实验心得体会。

实验三十三

食用油脂中磷脂含量的测定

1. 目的和意义

目的: 掌握用钼蓝比色法测定油脂中磷脂的含量。

意义: 磷脂是非常重要的一类活性成分,但在油脂工业中,因其具有两亲性,会导致油脂在储存过程中水解、氧化酸败,在加工受热后易发黑发苦,影响油脂的食用品质,所以,油脂工业通常通过脱胶这一工序除去油脂中的磷脂,脱胶副产物可用于磷脂的精制和高附加值再利用。测定油脂中磷脂的含量,对于评定油脂的品质、确定脱胶参数和开展综合利用具有重要意义。

2. 实验依据——钼蓝比色法[48]

原理: 油脂中的磷脂经过灼烧,可以生成五氧化二磷,之后用热盐酸还原为磷酸,磷酸再与钼酸钠反应生成磷钼酸钠,磷钼酸钠能被硫酸联氨还原为钼蓝,该物质用分光光度计在波长 650 nm 下测定吸光度,最后与标准曲线比较,换算为油脂中磷脂的含量。

3. 材料与设备

1) 材料与试剂

材料: 浓香菜籽油,浓香花生油,芝麻油。

试剂: 氧化锌,磷酸二氢钾(使用前在 101℃下干燥 2 h),盐酸溶液[盐酸∶水=1∶1(体积比)],钼酸钠稀硫酸溶液(2.5%,140 mL 浓硫酸+300 mL 水,冷却后加入 12.5 g 钼酸钠,用水定容至 500 mL,摇匀、静置 24 h),硫酸联氨溶液(0.015%,0.15 g 硫酸联氨+1 L 水),氢氧化钾溶液(50%,50 g 氢氧化钾+50 mL 水),磷酸盐标准储备液(含磷 0.1 mg/mL,0.438 7 g 干燥后的磷酸二氢钾,水定容至 1 000 mL),磷酸盐标准溶液(含磷量 0.01 mg/mL,取 10 mL 磷酸盐标准储备液,水定容至 100 mL)。

2) 仪器与设备

比色管(50 mL),坩埚(50 mL),容量瓶(100 mL),移液管(5 mL,10 mL),比色皿,分光光度计,分析天平,马弗炉,封闭电炉,水浴锅。

4. 实验步骤

钼蓝比色法测定食用油脂中磷脂含量的具体操作步骤如图 33－1 所示。

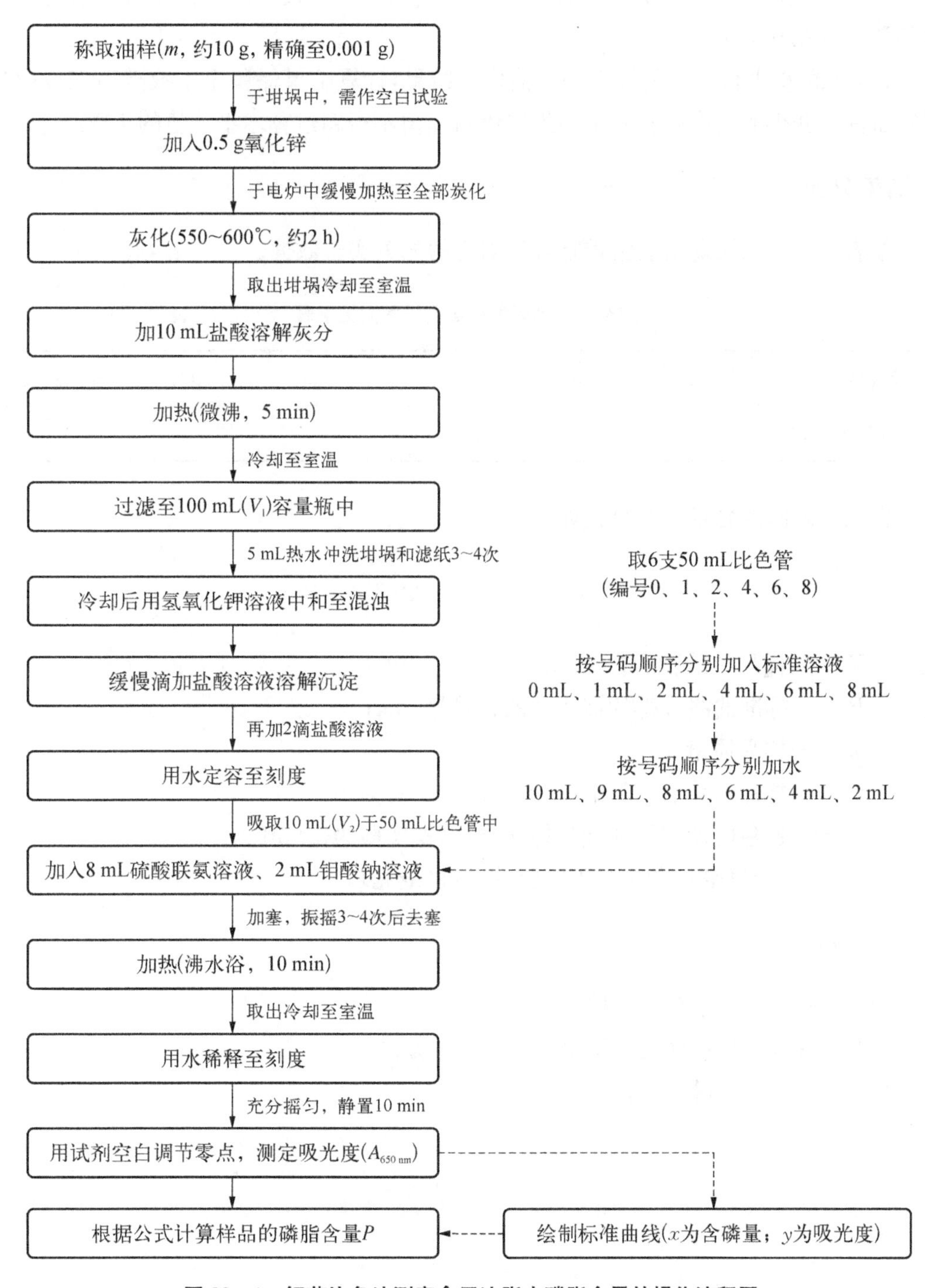

图 33－1　钼蓝比色法测定食用油脂中磷脂含量的操作流程图

5. 注意事项

(1) 本法适用于植物毛油、脱胶油和市售油脂中磷脂含量的测定。

(2) 当被测液的吸光度大于 0.8 时，需适当减少吸取被测液的体积，以保证被测液的消光值在 0.8 以下。

(3) 取两次平行测定的算术平均值作为结果，计算结果保留至小数点后三位；在重复条件下获得的两次独立测定结果的绝对差值不得超过算术平均值的 10%。

6. 结果分析

按表 33-1 记录食用油脂磷脂含量测定的相关实验数据。

表 33-1 磷脂的标准曲线数据记录表

磷含量/mg	0.01	0.02	0.04	0.06	0.08	标准曲线
吸光度($A_{650\ nm}$)						

样品中磷脂的含量计算公式如下：

$$X=\frac{P}{m}\times\frac{V_1}{V_2}\times 26.31$$

式中 X ——样品中磷脂的含量，mg/g；

P ——标准曲线查得的被测液的含磷量，mg；

m ——样品质量，g；

V_1——样品灰化后稀释的体积，mL(本实验为 100 mL)；

V_2——比色时所取被测液的体积，mL(本实验为 10 mL)；

26.31 ——每毫克磷相当于磷脂的质量(毫克)。

7. 思考讨论

(1) 油脂中的磷脂有哪些种类？

(2) 还有哪些测定食用油脂中磷脂含量的方法？

(3) 简述实验心得体会。

实验三十四

植物性食品中游离棉酚含量的测定

1. 目的和意义

目的: 掌握用高效液相色谱测定植物性食品中游离棉酚含量的方法。

意义: 棉酚是存在于棉籽中的一种天然毒素,棉籽经加工后形成的棉籽油和棉籽饼粕中都含有棉酚。游离棉酚对机体的多种器官都有毒害,植物性食品(含棉籽油)的加工有可能会用到棉籽加工的相关产品,因此,有必要测定植物性食品中游离棉酚的含量,以判定其是否具有安全风险。此外,游离棉酚本身具有颜色,易发生氧化聚合反应,也会影响棉籽油的品质,许多国家和地区对棉籽油中的游离棉酚含量都进行了限定。

2. 实验依据[49]

原理: 植物性食品中的游离棉酚分别用无水乙醚/乙醇提取后,采用高效液相色谱法检测,色谱峰保留时间定性,外标法定量。对于植物油,直接用无水乙醇提取;对于以棉籽饼为原料的水溶性液体样品,先用无水乙醚提取,浓缩至干后再用乙醇溶解制样检测。

3. 材料与设备

1) 材料与试剂

材料: 棉籽油;微孔滤膜(0.45 μm),滤纸。

试剂: 无水乙醇,甲醇,磷酸溶液(6 mL 磷酸+300 mL 水,经 0.45 μm 滤膜过滤),棉酚标准储备液(1.0 mg/mL,称取 0.100 0 g 棉酚,用丙酮定容至 100 mL),棉酚中间标准溶液(50 μg/mL,量取 5.0 mL 棉酚储备液,用无水乙醇定容至 100 mL),棉酚标准工作液(分别吸取 1.00 mL、2.00 mL、5.00 mL、8.00 mL 棉酚标准溶液,用无水乙醇定容至 10 mL,所得浓度分别为 5 μg/mL、10 μg/mL、25 μg/mL、40 μg/mL)。

2) 仪器与设备

离心试管(15 mL),高效液相色谱仪(带紫外检测器或者二极管阵列检测器),C_{18} 色谱柱(250 mm×4.6 mm×5 μm),离心机,分析天平。

4. 实验步骤

高效液相色谱法测定植物性食品中游离棉酚含量的具体操作步骤如图 34－1 所示。

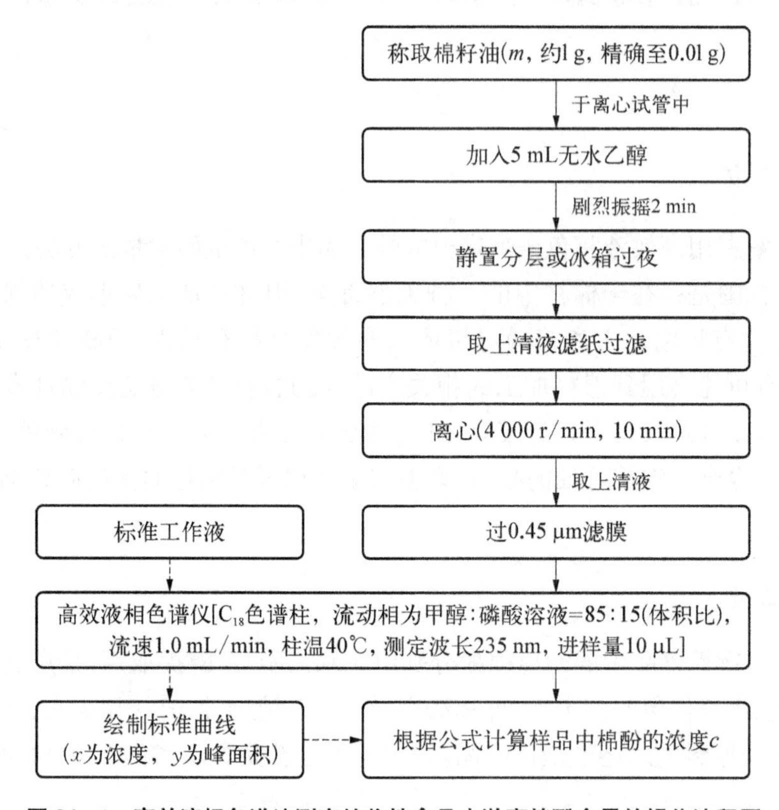

图 34－1　高效液相色谱法测定植物性食品中游离棉酚含量的操作流程图

5. 注意事项

(1) 本法适用于植物油中游离棉酚含量的测定。

(2) 计算结果以重复性条件下获得的两次独立测定结果的算术平均值表示，结果保留两位有效数字。在重复性条件下获得的两次独立测定结果的绝对差值不得超过算术平均值的 10%。

(3) 当植物油取样量为 1.0 g 时，检出限为 2.5 mg/kg，定量限为 7.5 mg/kg。

6. 结果分析

按表 34－1 记录棉籽油中游离棉酚含量测定的相关实验数据。

表 34－1　游离棉酚的标准曲线数据记录表

浓度/(μg/mL)	5	10	25	40	标准曲线
棉酚峰面积					

样品中游离棉酚的含量计算公式如下：

$$X=\frac{5\times c}{m}$$

式中　X ——样品中游离棉酚的含量，mg/kg；

m ——样品质量，g；

c ——测定样液中游离棉酚的浓度，μg/mL；

5 ——折合所用无水乙醇的体积，mL。

7. 思考讨论

(1) 简述其他食品(非棉籽油)中游离棉酚含量测定的方法。

(2) 棉酚有哪些用途？

(3) 简述实验心得体会。

实验三十五

食用植物油中叔丁基对苯二酚含量的测定

1. 目的和意义

目的： 掌握用气相色谱测定食用油脂中叔丁基对苯二酚(TBHQ)的方法。

意义： TBHQ是一种常用的脂溶性抗氧化剂，具有较好的热稳定性，广泛用于食用油脂的保存，其原因在于TBHQ能够有效延缓油脂的氧化，延长食用油脂的货架期。作为最广泛使用的合成抗氧化剂，我国国家标准规定其在油脂中的最大使用限量是0.2 g/kg。因此，测定油脂中的TBHQ含量具有十分重要的意义。

2. 实验依据[50]

原理： 食用植物油中的TBHQ经80%(体积分数)的乙醇溶液提取、浓缩、定容后，用气相色谱仪测定，外标法定量。

3. 材料与设备

1) 材料与试剂

材料： 市售精炼大豆油，葵花籽油，亚麻籽油。

试剂： 无水乙醇，二硫化碳，80%乙醇溶液(80 mL 95%乙醇+15 mL蒸馏水)，TBHQ标准储备液(1 000 μg/mL，称取TBHQ基准试剂0.100 0 g，用1 mL无水乙醇溶解，加入5 mL二硫化碳，转移到100 mL容量瓶中，再用1 mL无水乙醇洗涤烧杯，加入5 mL二硫化碳，转移到容量瓶，最后用二硫化碳至少洗涤三次烧杯，定容至100 mL，于棕色瓶中4℃下保存，有效期6个月)，TBHQ标准溶液(分别吸取TBHQ标准储备液0.0 mL、2.5 mL、5.0 mL、7.5 mL、10.0 mL、12.5 mL于50 mL容量瓶中，用二硫化碳定容，所得浓度分别为0 μg/mL、50 μg/mL、100 μg/mL、150 μg/mL、200 μg/mL、250 μg/mL)。

2) 仪器与设备

比色管(25 mL)，瓷蒸发皿(60 mL)，刻度试管(2 mL)，微量注射器，水浴锅，气相色谱仪(氢火焰离子化检测器)，玻璃柱(3 m×3 mm)。

4. 实验步骤

气相色谱法测定食用植物油中 TBHQ 含量的具体操作步骤如图 35－1 所示。

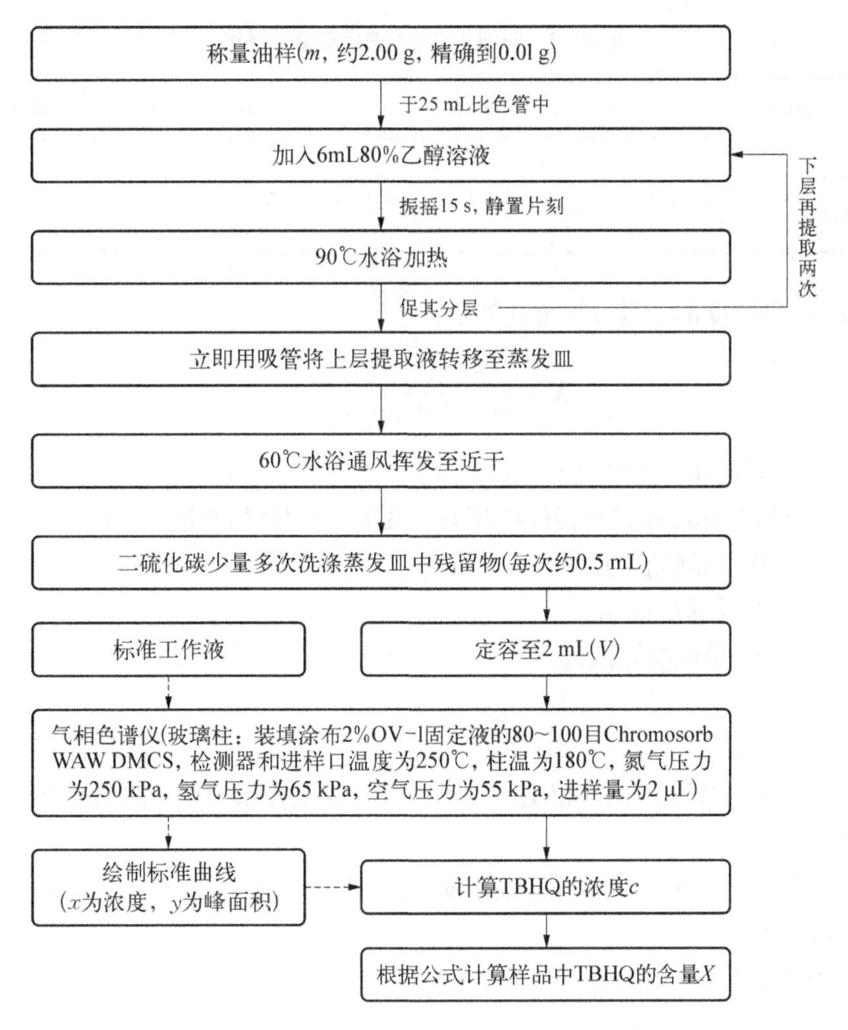

图 35－1　气相色谱法测定食用植物油中 TBHQ 含量的操作流程图

5. 注意事项

(1) 本法适用于较低熔点的食用植物油中 TBHQ 含量的测定，不适用于熔点高于 35℃的食用油脂中 TBHQ 含量的测定。

(2) 计算结果保留两位有效数字，在重复性条件下获得的两次独立测定结果的绝对差值不得超过其算术平均值的 10%。

(3) 本方法的定量限为 0.001 g/kg。

6. 结果分析

按表 35－1 记录食用植物油中 TBHQ 含量测定的相关实验数据。

表 35－1　TBHQ 的标准曲线数据记录表

浓度/(μg/mL)	0	50	100	150	200	250	标准曲线
TBHQ 峰面积							

样品中 TBHQ 的含量计算公式如下：

$$X=\frac{c\times V\times 1\,000}{m\times 1\,000\times 1\,000}$$

式中　X——样品中 TBHQ 的含量，g/kg；

c——通过标准曲线获得的样品测定液中 TBHQ 的浓度，μg/mL；

V——样品提取液的体积，mL；

m——样品的质量，g

1 000——单位换算系数。

7. 思考讨论

(1) 与其他合成抗氧化剂相比，为什么 TBHQ 是食用油脂中最常使用的合成抗氧化剂？

(2) 天然抗氧化剂(如生育酚、茶多酚)为什么难以替代 TBHQ，而在精炼油脂中得到普遍应用？

(3) 简述实验心得体会。

参考文献

[1] 中华人民共和国国家卫生部，中国国家标准化管理委员会. 食品安全国家标准 食品卫生检验方法 理化部分 总则：GB 5009.1—2003[S]. 北京：中国标准出版社，2017.

[2] 中华人民共和国国家卫生和计划生育委员会. 食品安全国家标准 食品中水分的测定：GB 5009.3—2016[S]. 北京：中国质检出版社，2016.

[3] 中华人民共和国国家卫生和计划生育委员会. 食品安全国家标准 食品水分活度的测定：GB 5009.238—2016[S]. 北京：中国质检出版社，2016，1-2.

[4] 中华人民共和国国家卫生和计划生育委员会. 食品安全国家标准 食品中灰分的测定：GB 5009.4—2016[S]. 北京：中国质检出版社，2016，1-5.

[5] 中华人民共和国国家卫生和计划生育委员会，国家食品药品监督管理总局. 食品安全国家标准 食品中蛋白质的测定：GB 5009.5—2016[S]. 北京：中国质检出版社，2016.

[6] 中华人民共和国国家卫生和计划生育委员会，国家食品药品监督管理总局. 食品安全国家标准 食品中脂肪的测定：GB 5009.6—2016[S]. 北京：中国质检出版社，2016.

[7] 中华人民共和国国家卫生和计划生育委员会. 食品安全国家标准 食品中膳食纤维的测定. GB 5009.88—2014[S]. 北京：中国质检出版社，2014.

[8] 中华人民共和国国家卫生和计划生育委员会. 食品安全国家标准 食品中还原糖的测定. GB 5009.7—2016[S]. 北京：中国质检出版社，2016.

[9] 中华人民共和国卫生部. 食品安全国家标准 预包装食品营养标签通则. GB 28050—2011[S]. 北京：中国质检出版社，2016.

[10] 中华人民共和国国家卫生和计划生育委员会，国家食品药品监督管理总局. 食品安全国家标准 食品中钾、钠的测定. GB 5009.91—2017[S]. 北京：中国质检出版社，2017.

[11] 中华人民共和国国家卫生和计划生育委员会. 食品安全国家标准 食品中氯化物的测定. GB 5009.44—2016[S]. 北京：中国质检出版社，2016.

[12] 中华人民共和国国家卫生和计划生育委员会，国家食品药品监督管理总局. 食品安全国家标准 食品中脂肪酸的测定. GB 5009.168—2016[S]. 北京：中国质检出版社，2016.

[13] 中华人民共和国国家卫生和计划生育委员会. 食品安全国家标准 食品中反式脂肪酸的测定. GB 5009.257—2016[S]. 北京：中国质检出版社，2016.

[14] 中华人民共和国国家卫生和计划生育委员会. 食品安全国家标准 食品中抗坏血酸的测定. GB 5009.86—2016[S]. 北京：中国质检出版社，2016.

[15] 中华人民共和国国家卫生和计划生育委员会，国家食品药品监督管理总局. 食品安全国家标准 食品中维生素 B_2 的测定. GB 5009.85—2016[S]. 北京：中国质检出版社，2016.

[16] 中华人民共和国国家卫生和计划生育委员会，国家食品药品监督管理总局. 食品安全国家标准

食品中维生素 A、D、E 的测定. GB 5009.82—2016[S]. 北京：中国质检出版社，2016.
[17] 中华人民共和国国家卫生和计划生育委员会，国家食品药品监督管理总局. 食品安全国家标准 食品中亚硝酸盐与硝酸盐的测定. GB 5009.33—2016[S]. 北京：中国质检出版社，2016.
[18] 中华人民共和国国家卫生和计划生育委员会. 食品安全国家标准 食品中二氧化硫测定. GB 5009.34—2016[S]. 北京：中国质检出版社，2016.
[19] 中华人民共和国国家卫生和计划生育委员会，国家食品药品监督管理总局. 食品安全国家标准 食品苯甲酸、山梨酸和糖精钠的测定. GB 5009.28—2016[S]. 北京：中国质检出版社，2016.
[20] 中华人民共和国国家卫生和计划生育委员会. 食品安全国家标准 食品酸度的测定. GB 5009.239—2016[S]. 北京：中国质检出版社，2016.
[21] 中华人民共和国国家卫生和计划生育委员会. 食品安全国家标准 食品中过氧化值的测定. GB 5009.227—2016[S]. 北京：中国质检出版社，2016.
[22] 中华人民共和国国家质量监督检验检疫总局，中国国家标准化管理委员会. 动植物油脂 茴香胺值的测定. GB/T 24304—2009[S]. 北京：中国标准出版社，2009.
[23] 中华人民共和国国家卫生和计划生育委员会. 食品安全国家标准 食品中酸价的测定. GB 5009.229—2016[S]. 北京：中国质检出版社，2016.
[24] 中华人民共和国国家卫生和计划生育委员会. 食品安全国家标准 食品中羰基价的测定. GB 5009.230—2016[S]. 北京：中国质检出版社，2016.
[25] 中华人民共和国国家卫生和计划生育委员会. 食品安全国家标准 食用油中极性组分(PC)的测定. GB 5009.202—2016[S]. 北京：中国质检出版社，2016.
[26] 中华人民共和国国家卫生和计划生育委员会. 食品安全国家标准 食品中丙二醛的测定. GB 5009.181—2016[S]. 北京：中国质检出版社，2016.
[27] 中华人民共和国国家卫生和计划生育委员会，国家食品药品监督管理总局. 食品安全国家标准 食品中溶剂残留量的测定. GB 5009.262—2016[S]. 北京：中国质检出版社，2016.
[28] 中华人民共和国国家质量监督检验检疫总局，中国国家标准化管理委员会. 动植物油脂 罗维朋色泽的测定. GB/T 22460—2008[S]. 北京：中国标准出版社，2008.
[29] 中华人民共和国国家卫生和计划生育委员会. 食品安全国家标准 食品相对密度的测定. GB 5009.2—2016[S]. 北京：中国质检出版社，2016.
[30] 中华人民共和国国家质量监督检验检疫总局，中国国家标准化管理委员会. 动植物油脂 折光指数的测定. GB/T 5527—2010[S]. 北京：中国标准出版社，2010.
[31] 中华人民共和国国家质量监督检验检疫总局，中国国家标准化管理委员会. 罐头食品的检验方法 GB/T10786—2006[S]. 北京：中国标准出版社，2006.
[32] 中华人民共和国国家卫生和计划生育委员会. 食品安全国家标准 酒中乙醇浓度的测定. GB 5009.225—2016[S]. 北京：中国质检出版社，2016.
[33] 中华人民共和国国家卫生和计划生育委员会. 食品安全国家标准 食品添加剂 1-辛烯-3-醇. GB 29976—2013[S]. 北京：中国标准出版社，2013.
[34] 中华人民共和国农业部. 香菇中香菇素含量的测定 气相色谱-质谱联用法. NY/T 3170—2017[S]. 北京：中国农业出版社，2018.
[35] 中华人民共和国国家卫生和计划生育委员会，中华人民共和国农业部，国家食品药品监督管理总局. 食品安全国家标准 食品中二硝基苯胺类农药残留量的测定 液相色谱-质谱/质谱法. GB

23200.69—2016[S]. 北京：中国质检出版社，2016.

[36] 中华人民共和国国家卫生和计划生育委员会，中华人民共和国农业部，国家食品药品监督管理总局. 食品安全国家标准　食品中吡啶类农药残留量的测定　液相色谱-质谱/质谱法. GB 23200.50—2016[S]. 北京：中国质检出版社，2016.

[37] 中华人民共和国卫生部，中国国家标准化管理委员会. 生活饮用水标准检验方法　金属指标. GB/T 5750.6—2006[S]. 北京：中国标准出版社，2006.

[38] 中华人民共和国国家卫生和计划生育委员会，国家食品药品监督管理总局. 食品安全国家标准　食品中多元素的测定. GB 5009.268—2016[S]. 北京：中国质检出版社，2016.

[39] 中华人民共和国国家卫生和计划生育委员会，国家食品药品监督管理总局. 食品安全国家标准　食品中苯并(a)芘的测定. GB 5009.27—2016[S]. 北京：中国质检出版社，2016.

[40] 中华人民共和国国家卫生和计划生育委员会，国家食品药品监督管理总局. 食品安全国家标准　食品中多环芳烃的测定. GB 5009.265—2016[S]. 北京：中国质检出版社，2016.

[41] 中华人民共和国国家质量监督检验检疫总局，中国国家标准化管理委员会. 动植物油脂　氧化稳定性的测定(加速氧化测试). GB/T 21121—2007[S]. 北京：中国标准出版社，2007.

[42] 中华人民共和国国家质量监督检验检疫总局，中国国家标准化管理委员会. 动植物油脂　碘值的测定. GB/T 5532—2008[S]. 北京：中国标准出版社，2008.

[43] 中华人民共和国国家质量监督检验检疫总局，中国国家标准化管理委员会. 动植物油脂　不皂化物测定　第1部分：乙醚提取法. GB/T 5535.1—2008[S]. 北京：中国标准出版社，2008.

[44] 中华人民共和国国家质量监督检验检疫总局，中国国家标准化管理委员会. 动植物油脂　2-硫代巴比妥酸值的测定　直接法. GB/T 35252—2017[S]. 北京：中国质检出版社，2017.

[45] 国家市场监督管理总局，中国国家标准化管理委员会. 动植物油脂　矿物油的检测. GB/T 37514—2019[S]. 北京：中国质检出版社，2019.

[46] 中华人民共和国国家质量监督检验检疫总局，中国国家标准化管理委员会. 动物油脂　熔点测定. GB/T 12766—2008[S]. 北京：中国标准出版社，2008.

[47] 中华人民共和国国家质量监督检验检疫总局，中国国家标准化管理委员会. 动植物油脂　甾醇组成和甾醇总量的测定　气相色谱法. GB/T 25223—2010[S]. 北京：中国标准出版社，2010.

[48] 中华人民共和国国家质量监督检验检疫总局，中国国家标准化管理委员会. 粮油检验　磷脂含量的测定. GB/T 5537—2008[S]. 北京：中国标准出版社，2008.

[49] 中华人民共和国国家卫生和计划生育委员会. 食品安全国家标准　植物性食品中游离棉酚的测定. GB 5009.148—2014[S]. 北京：中国标准出版社，2014.

[50] 中华人民共和国国家质量监督检验检疫总局，中国国家标准化管理委员会. 食用植物油中叔丁基对苯二酚(TBHQ)的测定. GB/T 21512—2008[S]. 北京：中国标准出版社，2008.

推荐阅读

[1] 国家市场监督管理总局. 国家食品安全监督抽检实施细则[S]. 北京：2021. http://www.eshian.com/article/75408965.html

[2] International Organization for Standardization. Milk fat products — Determination of water content — Karl Fischer method. ISO 5536：2009[S].

[3] International Organization for Standardization. Foodstuffs — Determination of water activity. ISO 18787：2017[S].

[4] International Organization for Standardization. Milk and milk products — Determination of nitrogen content — Part 1：Kjeldahl principle and crude protein calculation. ISO 8968-1：2014[S].

[5] International Organization for Standardization. Milk — Determination of nitrogen content — Part 3：Block-digestion method (Semi-micro rapid routine method). ISO 8968-3：2004[S].

[6] International Organization for Standardization. Milk and milk products — Determination of nitrogen content — Part 4：Determination of protein and non-protein nitrogen content and true protein content calculation (Reference method). ISO 8968-4：2016[S].

[7] International Organization for Standardization. Meat and meat products — Determination of total fat content. ISO 1443：1973[S].

[8] International Organization for Standardization. Milk — Determination of fat content — Acido-butyrometric (Gerber method). ISO 19662：2018[S].

[9] International Organization for Standardization. Cream — Determination of fat content — Gravimetric method (Reference method). ISO 2450：2008[S].

[10] International Organization for Standardization. Milk and milk products — Determination of the sugar contents — High performance anion exchange chromatography with pulsed amperometric detection method (HPAEC-PAD). ISO 22184：2021[S].

[11] 中华人民共和国卫生部. 食品安全国家标准 预包装食品营养标签通则. GB 28050—2011[S]. 北京：中国标准出版社，2011.

[12] International Organization for Standardization. Manganese ores and concentrates — Determination of sodium and potassium contents — Flame atomic absorption spectrometric method. ISO 7969：1985[S].

[13] International Organization for Standardization. Water quality — Determination of free chlorine and total chlorine — Part 2：Colorimetric method using N, N-dialkyl-1,4-phenylenediamine, for routine control purposes. ISO 7393-2：2017[S].

[14] International Organization for Standardization. Animal and vegetable fats and oils — Determination

of isolated trans isomers by infrared spectrometry. ISO 13884：2003[S].

[15] International Organization for Standardization. Milk, milk products, infant formula and adult nutritionals — Determination of fatty acids composition — Capillary gas chromatographic method. ISO 16958：2015[S].

[16] International Organization for Standardization. Fruits, vegetables and derived products — Determination of ascorbic acid — Part 1：Reference method. ISO 6557-1：1986[S].

[17] International Organization for Standardization. Infant formula and adult nutritionals — Simultaneous determination of total vitamins B1, B2, B3 and B6 — Enzymatic digestion and LC-MS/MS. ISO 21470：2020[S].

[18] International Organization for Standardization. Animal and vegetable fats and oils — Determination of tocopherol and tocotrienol contents by high-performance liquid chromatography. ISO 9936：2016[S].

[19] International Organization for Standardization. Dried skimmed milk — Determination of vitamin D content using high-performance liquid chromatography. ISO 14892：2002[S].

[20] International Organization for Standardization. Infant formula and adult nutritionals — Determination of vitamin D by liquid chromatography-mass spectrometry. ISO 20636：2018[S].

[21] International Organization for Standardization. Meat and meat products — Determination of nitrite content (Reference method). ISO 2918：1975[S].

[22] International Organization for Standardization. Starches and derived products — Determination of sulfur dioxide content — Acidimetric method and nephelometric method. ISO 5379：2013[S].

[23] International Organization for Standardization. Fruit and vegetable products — Determination of benzoic acid and sorbic acid concentrations — High performance liquid chromatography method. ISO 22855：2008[S].

[24] International Organization for Standardization. Dried milk — Determination of titratable acidity (Reference method). ISO 6091：2010[S].

[25] International Organization for Standardization. Dried milk — Determination of titratable acidity (Routine method). ISO 6092：1980[S].

[26] International Organization for Standardization. Animal and vegetable fats and oils — Determination of peroxide value — Iodometric (visual) endpoint determination. ISO 3960：2017[S].

[27] International Organization for Standardization. Animal and vegetable fats and oils — Determination of anisidine value. ISO 6885：2016[S].

[28] International Organization for Standardization. Animal and vegetable fats and oils — Determination of acid value and acidity. ISO 660：2020[S].

[29] International Organization for Standardization. Essential oils — Determination of carbonyl value — Potentiometric methods using hydroxylammonium chloride. ISO 1279：1996[S].

[30] International Organization for Standardization. Animal and vegetable fats and oils — Determination of content of polar compounds. ISO 8420：2002[S].

[31] International Organization for Standardization. Oilseed residues — Determination of free residual hexane. ISO 9289：1991[S].

[32] International Organization for Standardization. Animal and vegetable fats and oils — Determination of Lovibond colour. ISO 15305：1998[S].

[33] International Organization for Standardization. Essential oils — Determination of relative density at 20℃ — Reference method. ISO 279：1998[S].

[34] International Organization for Standardization. Fruit juice — Determination of soluble solids content — Pycnometric method. ISO 2172：1983[S].

[35] International Organization for Standardization. Animal and vegetable fats and oils — Determination of refractive index. ISO 6320：2017[S].

[36] International Organization for Standardization. Butter — Determination of the refractive index of the fat (Reference method). ISO 1739：2006[S].

[37] International Organization for Standardization. Sensory analysis — Methodology — Texture profile. ISO 11036：2020[S].

[38] International Organization for Standardization. Particle size analysis — Laser diffraction methods. ISO 13320：2020[S].

[39] International Organization for Standardization. Particle size analysis — Dynamic light scattering (DLS). ISO 22412：2017[S].

[40] International Organization for Standardization. Animal and vegetable fats and oils — Detection and identification of a volatile organic contaminant by GC/MS. ISO 15303：2001[S].

[41] International Organization for Standardization. Animal and vegetable fats and oils — Determination of benzo[a]pyrene — Reverse-phase high performance liquid chromatography method. ISO 15302：2017[S].

[42] International Organization for Standardization. Cigarettes — Determination of benzo[a]pyrene in cigarette mainstream smoke with an intense smoking regime using GC/MS — Part 1：Method using methanol as extraction solvent. ISO 23906 - 1：2020[S].

[43] International Organization for Standardization. Water quality — Determination of the dissolved fraction of selected active pharmaceutical ingredients，transformation products and other organic substances in water and treated waste water — Method using high performance liquid chromatography and mass spectrometric detection (HPLC - MS/MS or - HRMS) after direct injection. ISO 21676：2018[S].

[44] International Organization for Standardization. Milk，milk products，infant formula and adult nutritionals — Determination of minerals and trace elements — Inductively coupled plasma mass spectrometry (ICP - MS) method. ISO 21424：2018[S].

[45] International Organization for Standardization. Milk，milk products，infant formula and adult nutritionals — Determination of minerals and trace elements — Inductively coupled plasma atomic emission spectrometry (ICP - AES) method. ISO 15151：2018[S].

[46] International Organization for Standardization. Animal and vegetable fats and oils — Determination of oxidative stability (accelerated oxidation test). ISO 6886：2016[S].

[47] International Organization for Standardization. Animal and vegetable fats and oils — Determination of iodine value. ISO 3961：2018[S].

[48] International Organization for Standardization. Animal and vegetable fats and oils — Determination of unsaponifiable matter — Method using diethyl ether extraction. ISO 3596：2000[S].

[49] International Organization for Standardization. Animal and vegetable fats and oils — Determination of unsaponifiable matter — Method using hexane extraction. ISO 18609：2000[S].

[50] International Organization for Standardization. Animal and vegetable fats and oils — Determination of aliphatic hydrocarbons in vegetable oils. ISO 17780：2015[S].

[51] International Organization for Standardization. Animal and vegetable fats and oils — Determination of melting point in open capillary tubes — Slip point. ISO 6321：2021.

[52] International Organization for Standardization. Determination of individual and total sterols contents — Gas chromatographic method — Part 1：Animal and vegetable fats and oils. ISO 12228 - 1：2014[S].

[53] International Organization for Standardization. Determination of individual and total sterols contents — Gas chromatographic method — Part 2：Olive oils and olive pomace oils. ISO 12228 - 2：2014[S].

[54] International Organization for Standardization. Vegetable fats and oils — Determination of phospholipids content in lecithins by HPLC using a light-scattering detector. ISO 11701：2009[S].

[55] International Organization for Standardization. Animal feeding stuffs — Determination of free and total gossypol. ISO 6866：1985[S].

[56] International Organization for Standardization. Animal and vegetable fats and oils — Detection and identification of antioxidants — Thin-layer chromatographic method. ISO 5558：1982[S].